Sundus Akhtar
Misbah Yaqoob

Avaliação dos pré-tratamentos de armazenamento e do seu efeito no prazo de validade

Sundus Akhtar
Misbah Yaqoob

Avaliação dos pré-tratamentos de armazenamento e do seu efeito no prazo de validade

ScienciaScripts

Imprint
Any brand names and product names mentioned in this book are subject to trademark, brand or patent protection and are trademarks or registered trademarks of their respective holders. The use of brand names, product names, common names, trade names, product descriptions etc. even without a particular marking in this work is in no way to be construed to mean that such names may be regarded as unrestricted in respect of trademark and brand protection legislation and could thus be used by anyone.

Cover image: www.ingimage.com

This book is a translation from the original published under ISBN 978-3-330-00463-4.

Publisher:
Sciencia Scripts
is a trademark of
Dodo Books Indian Ocean Ltd. and OmniScriptum S.R.L publishing group

120 High Road, East Finchley, London, N2 9ED, United Kingdom
Str. Armeneasca 28/1, office 1, Chisinau MD-2012, Republic of Moldova, Europe
Managing Directors: Ieva Konstantinova, Victoria Ursu
info@omniscriptum.com

Printed at: see last page
ISBN: 978-620-8-39087-7

Índice

Capítulo 1: INTRODUÇÃO

Os coentros *(Coriandrum sativum),* por vezes designados por coentros, são um membro anual da família Apiaceae. Embora toda a planta seja comestível, as partes mais frequentemente utilizadas na cozinha são as sementes secas e as folhas frescas. Esta planta macia pode atingir uma altura de 50 centímetros (20 polegadas). 92% das folhas de coentros cruas são constituídas por água, 4% são constituídas por hidratos de carbono, 2% são constituídas por proteínas e menos de 1% são gorduras. Os caules ou folhas frescas têm um perfil nutricional diferente do das sementes de coentros. As folhas incluem uma quantidade modesta de minerais nutricionais e são especialmente ricas em vitaminas A, C e K, quando medidas numa quantidade de referência de 100 gramas. As sementes são uma boa fonte de fibra alimentar, cálcio, magnésio, ferro, selénio e manganês, mesmo que o seu teor de vitaminas seja geralmente inferior (Wei, Liu, Zhao, Zhao, Xue & Lan 2019).

As folhas apresentam uma variação na morfologia, com grandes secções lobadas na base da planta e secções delgadas e emplumadas mais altas nos caules floridos. Embora todas as partes da planta sejam comestíveis, a comida tailandesa incorpora fortemente as raízes no prato, sendo as folhas frescas e as sementes secas os ingredientes mais frequentemente utilizados. As cozinhas de todo o mundo utilizam coentros. As folhas têm vários nomes, incluindo salsa chinesa, coentros, coentros frescos e folhas de coentros. As folhas frescas são utilizadas como guarnição para sopas, saladas, guacamole, chutneys e saladas. As folhas de coentros são normalmente adicionadas aos pratos imediatamente antes de serem servidas ou são utilizadas cruas, uma vez que o calor mancha o seu sabor. As folhas de coentros são utilizadas extensivamente e torradas até perderem o sabor nas cozinhas da Ásia Central e da Índia. Retiradas da planta, as folhas deterioram-se rapidamente e, quando secas ou congeladas, perdem a sua fragrância (Kumar, Balasubramanian, Govindaraj & Krishnaveni 2014).

Tanto as folhas como as sementes têm um sabor diferente. As sementes têm notas de citrinos. Os aldeídos 2-decenal e 2-dodecenal são os principais aromatizantes das folhas. O principal aromatizante encontrado nas sementes é o (+)-linalol. O linalol, o principal componente responsável pelo aroma e sabor dos coentros, é um dos vários polifenóis e terpenos mistos encontrados no óleo essencial extraído das folhas e sementes de coentros. A planta *C. sativum* é comestível em todas as suas partes, mas o sabor das sementes e das folhas é significativamente diferente. As folhas dos coentros são picantes e fortes, sendo que algumas pessoas acham que sabem a sabão, mas as sementes têm um sabor a terra (Spence 2023).

Figura 1.1. ***Coriandrum sativum*** (Laribi, Kouki, M'Hamdi, & Bettaieb, 2015).

Os óleos, extractos e sementes de coentros podem ter efeitos hipoglicémicos. De facto, como os coentros baixam tanto o açúcar no sangue, as pessoas com baixo nível de açúcar no sangue ou as que tomam medicação para a diabetes devem usá-los com precaução. Uma série de antioxidantes incluídos nos coentros ajudam a proteger contra os danos que os radicais livres podem causar às células. Parece que o extrato de coentros funciona como um diurético, ajudando o seu corpo a eliminar o excesso de água e sal. A sua tensão arterial pode baixar como resultado deste facto. A digestão pode ser acelerada e melhorada pelo óleo de sementes de coentros. As substâncias antimicrobianas encontradas nos coentros podem ser capazes de combater algumas infecções e doenças de origem alimentar. Os coentros podem ajudar numa variedade de problemas de pele, incluindo dermatites e pequenas erupções cutâneas (Sharma et al. 2022).

Podem ocorrer reacções alérgicas aos coentros. Asma, edema nasal, urticária ou inchaço oral são exemplos de sintomas dessas reacções. Os trabalhadores do sector alimentar que manuseiam especiarias parecem ser especialmente susceptíveis a estas reacções. Aplicação tópica de coentros: Quando utilizados corretamente, podem não ser perigosos. As suas qualidades diaforéticas ajudam a induzir a transpiração, a baixar a temperatura corporal, a induzir a desintoxicação e a manter o corpo fresco. Alivia a inflamação e acalma o trato digestivo, para além de ajudar o corpo a eliminar o calor e as toxinas extra (Brian 2018).

O teor nutritivo da nossa alimentação depende sobretudo dos vegetais de folha verde. As pessoas estão agora a mudar os seus hábitos alimentares para incluir uma dieta rica em nutrientes, à medida que aumenta a consciência das vantagens para a saúde dos vegetais de folha verde frescos e crus. Os investigadores demonstraram que os vegetais de folha verde são uma excelente fonte de fibras alimentares, vitaminas, incluindo a C, e minerais, incluindo o zinco, o cálcio e o magnésio. A couve-flor, a hortelã, os espinafres e os coentros estão entre os legumes de folha verde e as ervas aromáticas mais comuns consumidos na alimentação, sendo as folhas de coentros as mais populares devido ao seu sabor e valor nutricional. Para aumentar o prazo de validade e as perdas, é importante ter um sistema eficaz de gestão pós-colheita (Imathiu 2021).

O vegetal de folha verde (VFV) mais consumido na Índia são as folhas de coentros *(Coriandrum sativum* L). As folhas dos coentros têm um sabor aromático e o seu perfume e sabor caraterísticos e a sua cor verde profunda são essenciais para a sua utilização na cozinha e no mercado. O óleo essencial e os extractos de coentros têm uma série de benefícios para a saúde, incluindo qualidades antioxidantes, antibacterianas, anticancerígenas, antidiabéticas e antimutagénicas. Devido a uma baixa qualidade das instalações do processo de colheita, perde-se uma quantidade significativa de coentros frescos perecíveis (Kaur, Alam, Prasad & Kumar 2019).

Figura 1.2. Sementes de coentros (Mandal & Mandal 2015).

A salsa chinesa, muitas vezes conhecida como coentros, é uma erva culinária anual fresca crucial que é utilizada nas cozinhas mexicana e asiática. O seu nome científico é Coriandrum Sativum. Os chineses veneravam-no pelas suas propriedades terapêuticas e afrodisíacas, bem como pelo seu sabor único, tal como outras sociedades antigas. Os benefícios dos coentros incluem propriedades anti-oxidantes, diuréticas, anticonvulsivas, antidiabéticas, hipnóticas, sedativas e antimicrobianas (El-Ahmady, Ibrahim, Farag & Gabr 2021).

Uma forma de aumentar a qualidade e o prazo de validade dos coentros frescos é utilizar extractos naturais de plantas como conservante natural. Os extractos de plantas podem ser utilizados para este fim, incluindo-os nos materiais de embalagem ou polvilhando os coentros frescos com extractos de plantas. Isto pode resultar em menos perdas pós-colheita, maior valor económico para os agricultores e produtores de alimentos e melhor qualidade dos coentros frescos para os clientes. A investigação dos processos bioquímicos e fisiológicos subjacentes à preservação da qualidade do produto e da sua capacidade de se manter fresco durante mais tempo é necessária para a aplicação científica do aumento do tempo e do prazo de validade dos coentros com extractos naturais de plantas.

Os coentros perderam-se 7,3% do tempo durante as operações agrícolas, incluindo a colheita, a recolha, a debulha, a joeirada, a secagem, o acondicionamento e a armazenagem. A fim de preservar a sua frescura e aroma para utilização posterior, as operações pós-colheita devem ser corretamente efectuadas. Além disso, devido à rápida senescência dos legumes verdes recém-cortados e à necessidade de alimentos de baixa caloria com qualidades semelhantes às dos frescos, é fácil manter o tempo, a frescura e a vida útil das frutas e legumes (Anitha & Hore 2018).

Melhorar a qualidade e o prazo de validade dos coentros é uma forma de tornar a erva melhor e mais duradoura. Para tal, podem ser utilizados extractos de plantas, adicionando-os aos materiais de embalagem ou nebulizando os coentros frescos com extractos de plantas. Isto pode resultar em menos perdas pós-colheita, mais valor económico para os agricultores e produtores de alimentos e melhor qualidade dos coentros frescos para os consumidores (Teshome, Forsido, Rupasinghe & Olika Keyata 2022).

A aplicação científica da melhoria da qualidade e do prolongamento do prazo de validade dos coentros frescos com extractos naturais de plantas requer uma investigação dos mecanismos bioquímicos e fisiológicos subjacentes à preservação da qualidade dos coentros frescos e ao prolongamento do seu prazo de validade. Faz parte deste processo a investigação das substâncias bioactivas encontradas nos extractos de plantas quanto às suas capacidades antibacterianas e antioxidantes, bem como o seu mecanismo de ação e efeitos nos processos bioquímicos e fisiológicos que controlam o amadurecimento e a qualidade dos frutos. Esta informação pode orientar o desenvolvimento de técnicas de conservação mais eficientes e ajudar a identificar novas substâncias bioactivas que possam ter utilização no sector alimentar (Hernández-Pérez, Gómez-García, Valverde & Paredes-Lopez 2020).

Os extractos naturais de plantas podem ser utilizados para melhorar a qualidade e o prazo de validade dos coentros frescos, o que constitui uma aplicação prática e científica que também pode apoiar e incentivar a utilização de alternativas naturais e ecológicas aos produtos químicos sintéticos e melhorar a qualidade e o valor nutricional do tomate para os consumidores.

Outros compostos com qualidades terapêuticas encontrados no extrato de folhas de *Moringa oleífera* incluem taninos, saponinas, flavonóides, terpenóides e glicosídeos. Foi demonstrado que estas substâncias funcionam como potentes agentes antibacterianos, antioxidantes e anti-carcinogénicos. Com base em pesquisas nutricionais, a moringa demonstrou ter 28,50% de carboidratos, 25,02% de proteínas, 10,42% de gordura, 11,83% de fibra alimentar, 1,108 mg de β-caroteno, 326,4 μg/100 g de vitamina B1 e 15,2 mg/100 g de vitamina C. Outro uso para o extrato de folha de moringa é como conservante de alimentos. Ao diminuir a oxidação, prolonga o prazo de validade da carne. Antioxidantes como a quercetina e o ácido clorogénico são abundantes na Moringa oleifera (Vergara-Jimenez, Almatrafi, & Fernandez 2017).

As folhas da planta são o componente mais denso em nutrientes, contendo uma quantidade substancial de proteínas, beta-caroteno, vitamina K, C, vitaminas do complexo B e provitamina A. Uma parte do cálcio presente nas folhas da moringa está ligada a cristais de oxalato de cálcio, ao contrário do oxalato presente nos espinafres, cujos níveis de oxalato podem variar entre 430 e 1050 mg/100g. Esta planta tem uma elevada concentração de glucosinolatos, isotiocianatos e compostos que incluem ramnose e açúcar simples. As suas propriedades antimicrobianas, anticancerígenas e hipotensivas são reforçadas por estes ingredientes (Kumar, Kumar & Shekhar 2020).

Figura 1.3. Folhas da planta Moringa (Ashfaq, Basra & Ashfaq 2019).

A maioria das árvores de moringa são cultivadas em climas semiáridos, tropicais e subtropicais, que nos EUA correspondem às zonas de robustez 9 e 10 da USDA. Embora possa crescer numa variedade de tipos de solo, é mais feliz em solos arenosos ou argilosos, bem drenados, neutros a ligeiramente ácidos (pH 6,3 a 7,0), pois as raízes são propensas a apodrecer em solos encharcados. Como pode ser cultivada com a chuva e não necessita de irrigação dispendiosa, a moringa é especialmente adequada para climas áridos. No sul e sudeste da Ásia, a moringa é cultivada em jardins de quintal e usada como cercas vivas; é frequentemente vendida em mercados de bairro. É comummente cultivada pelas suas folhas comestíveis na Indonésia e nas Filipinas. O World Vegetable Center, um centro de pesquisa de vegetais em Taiwan, também cultiva ativamente a moringa. Mais amplamente, países na América Central e Caraíbas, África, Sul e Sudeste da Ásia, as regiões do norte da América do Sul, e algumas nações na Oceânia são o lar de moringa selvagem ou cultivada (Ebabhi & Adebayo 2022).

É possível obter rendimentos de matéria fresca de uma média de 6 toneladas/ha/ano (2 toneladas/acre). O rendimento varia significativamente entre a estação das chuvas e a estação seca, com uma média de 1120 kg/ha (1000 lb/acre) e 690 kg/ha (620 lb/acre), respetivamente. As folhas e os caules das plantas jovens podem ser colhidos 60 dias após a sementeira e, posteriormente, sete vezes por ano. Em alguns sistemas de produção, as folhas são colhidas de duas em duas semanas. Também é possível cultivar M. oleifera extensivamente, utilizando tipos apropriados com irrigação e fertilização. Utilizando um milhão de plantas por hectare e nove cortes anuais durante quatro anos, os investigadores da Nicarágua produziram uma média de 580 toneladas métricas/ha/ano (230 toneladas longas por acre) de matéria fresca, ou cerca de 174 toneladas métricas de folhas frescas (Alibas, Yilmaz, Asik & Erdogan 2021).

Esta planta é também abundante em compostos que contêm isotiocianatos, glucosinolatos e açúcar simples, bem como ramnose". As suas propriedades antimicrobianas, anticancerígenas e hipotensoras são reforçadas por estes componentes. Antioxidante natural, *a M. oleifera* é utilizada para tratar uma série de doenças ligadas ao stress oxidativo. A síntese desequilibrada de oxigénio reativo e a capacidade do sistema biológico para desintoxicar rapidamente os intermediários reactivos ou reparar rapidamente os danos que produzem são as principais causas do stress oxidativo. O ambiente celular de todos os organismos vivos está constantemente a diminuir. As enzimas mantêm o estado reduzido, fornecendo continuamente energia metabólica. Isto mantém o ambiente redutor intacto. As alterações deste estado redox regular podem ter consequências nefastas, gerando peróxidos e radicais livres, que danificam o ADN, os lípidos, as proteínas e outras partes da célula. O stress severo pode resultar em necrose, embora o stress oxidativo moderado possa produzir apoptose (Bell & Wagstaff 2017).

A presença de saponinas, hidratos de carbono, taninos, terpenos, esteróis, óleo volátil, resinas, flavonóides, phlobataninas e bálsamo nas folhas e na casca do caule de S. cumini foi descoberta por investigação fitoquímica. Foi demonstrada uma atividade antibacteriana significativa contra todas as estirpes bacterianas testadas pelos extractos de folhas de Syzigium cumini. Estudos sobre fitoquímica mostraram que os extractos de folhas de *S. cumini* incluíam uma variedade de metabolitos secundários. A vitamina C, o cálcio, o ferro, o magnésio, o fósforo, o sódio e as vitaminas B como a tiamina, a riboflavina, o ácido fólico, a niacina e a vitamina B6 estão todos presentes. A anemia por deficiência de ferro é atenuada por esta planta devido ao seu elevado teor de ferro e à sua capacidade de aumentar a contagem de hemoglobina (Mohanty, Mohanty, Bhuyan & Bhuyan 2021).

O extrato de folhas de O. vulgare contém os seguintes ingredientes bioactivos: fenol, carvacrol, taninos, flavonóides, linalol, timol e carvacrol. O carvacrol, o p-cimeno, o c-terpineno, o limoneno, o terpineno, o ocimeno, o cariofileno, o β-bisaboleno, o linalol e o 4-terpineol são os principais ingredientes do óleo essencial das folhas de O. vulgare. O extrato de folhas de orégão tem qualidades antibacterianas, antifúngicas, antiparasitárias, antimicrobianas e antioxidantes. É comummente conhecido que o óleo essencial de O. vulgare inibe o crescimento e a síntese de aflatoxina em A. parasiticus, A. niger, A. flavus e A. ochraceus. As folhas e o óleo essencial de Oryza vulgaris são muito eficazes contra Candida albicans, Salmonella aureus e Pseudomonas aeruginosa (Ivanisová, Kacániová, Savitskaya & Grinshpan 2021).

À medida que a população mundial cresce diariamente, a qualidade e o prazo de validade dos coentros estão a ser negativamente afectados por vários revestimentos comestíveis. vários atributos qualitativos dos produtos alimentares que se enquadram nas categorias de caraterísticas que têm uma grande influência nas decisões dos clientes. Uma tendência crescente entre os clientes é a criação de substitutos sustentáveis para os métodos convencionais de conservação de vegetais após a colheita, como os revestimentos comestíveis. Para além de atrasar a deterioração dos vegetais e de os proteger do ataque microbiano, os revestimentos comestíveis servem de barreira à passagem de ar e água através da superfície das culturas. Para aumentar a qualidade dos produtos hortícolas ou prolongar o seu tempo de conservação. Devido ao seu stress oxidativo significativo e aos revestimentos comestíveis, os coentros demonstraram melhorar a qualidade dos frutos (Wassie 2020).

Uma erva perene ou um arbusto rasteiro com agradáveis sabores a citrinos e pinho, a manjerona é suscetível a temperaturas negativas. As folhas são simétricas mas afuniladas na base, têm uma forma lisa, simples e peciolada e são elípticas a oblongo-ovais, medindo 0,5-1,5 cm de comprimento e 0,2-0,8 cm de largura. Têm também um ápice obtuso e uma borda cheia. Devido à grande quantidade de pêlos na folha, esta tem um toque incrivelmente suave. Existem quantidades significativas de compostos fenólicos com qualidades antibacterianas e antioxidantes em extractos de plantas como a manjerona e extractos de folhas de oliveira. Os constituintes primários do ME são α-terpineno, γ-terpineno, terpinen-4-ol, sabineno, hidrato de cis-sabineno e α-terpineol, enquanto os constituintes primários do OLE são oleuropeína, verbascosídeo, hidroxitirosol, tirosol, apigenina 7- O-glucosídeo, rutina, luteolina 4-O-glucosídeo e ácido cafeico. No entanto, não há pesquisas sobre como a ME ou OLE afetam a qualidade e a vida útil de espécies de atum embaladas a vácuo (Yu, Gouvinhas, Rocha & Barros 2021).

A manjerona tem uma longa história de utilização como erva medicinal. Para além da sua utilização como diurético, tanto a manjerona em si como o óleo de manjerona têm sido utilizados no tratamento de uma variedade de doenças, incluindo cancro, constipações, tosse, cãibras, depressão, infecções nos ouvidos, problemas gastrointestinais, dores de cabeça, paralisia, artrite, congestão no peito e dores musculares. Tem sido aplicada sob várias formas, como elixir bucal, chá, afrodisíacos, cataplasmas, tinturas e infusões. Embora nem todas as utilizações tradicionais tenham sido apoiadas cientificamente, a erva oferece benefícios medicinais comprovados. Por exemplo, contém o composto antibacteriano, antifúngico e antimicrobiano carvacrol. Os extractos da manjerona, como a hesperetina e a hidroquinona, demonstraram efeitos citotóxicos contra linhas celulares de fibrossarcoma em extractos de etanol e propriedades antiproliferativas contra células C6 e HeLa em extractos de acetato de etilo. Além disso, estudos indicaram que o chá de manjerona, a manjerona seca e os compostos derivados da manjerona possuem propriedades anti-inflamatórias, hepatoprotectoras, antiulcerogénicas, anticolinesterásicas e anti-PCOS (Generalic Mekinic, Skroza, Ljubenkov, Katalinic & Simat 2019).

Figura 1.4. Folhas da planta Marwa (Singh, Marwa, Mishra, Verma, Rathaur & Singh 2016).

O extrato hidroalcoólico das folhas de Syzygium cumini mostrou o maior nível de eficácia contra Candida krusei. Além disso, foi observada uma ação contra uma variante multi-resistente de Staphylococcus aureus. Os taninos e outros componentes fenólicos podem ser responsáveis pela ação antibacteriana do extrato hidroalcoólico das folhas de Syzygium cumini. É bem conhecido que o Syzygium cumini tem concentrações elevadas de derivados polifenólicos dos ácidos gálico e elágico. As folhas de Syzygium cumini foram também utilizadas para isolar glicosídeos de flavonóis acilados, kaempferol, miricetina e outros polifenóis. Uma vez que precipitam as proteínas, bloqueiam as enzimas digestivas e interferem na absorção das vitaminas e dos minerais, os taninos são considerados indesejáveis do ponto de vista nutricional. No entanto, certos tipos de taninos apresentam propriedades anticarcinogénicas, antibacterianas e antioxidantes e podem diminuir a mutagenicidade de vários agentes mutagénicos (Bouarab Chibane, Degraeve, Ferhout, Bouajila & Oulahal 2019).

O Syzygium cumini, frequentemente conhecido como jamun preto, é uma fonte rica de antocianina, que é sensível à temperatura, à luz e ao oxigénio. Além disso, o fruto contém compostos que são bons para a saúde, mas que são instáveis em circunstâncias normais. Como resultado, a técnica de encapsulamento pode aumentar a estabilidade dos compostos, bem como a libertação do ingrediente ativo pela microcápsula alimentar. A microencapsulação oferece uma barreira ao pH, à luz e à temperatura. As microcápsulas com extrato de produtos agrícolas podem ser utilizadas no sector alimentar para fortificar produtos alimentares, aumentando o seu conteúdo nutricional durante o processamento (Sharma, Dash, Badwaik & Bhagya Raj 2023).

Figura 1.5. Folhas de Syzygium cumini (Ayyanar & Subash-Babu 2022).

O objetivo do presente estudo era avaliar a forma como diferentes métodos de pós-colheita afectavam a comercialização, a infestação de doenças, a perda de peso, o encolhimento, a preservação da qualidade e o prolongamento do prazo de validade dos coentros em ambiente ambiente. Os investigadores analisaram a forma como os revestimentos actuavam como barreira contra os gases respiratórios e a sua eficácia na eliminação de germes em maçãs revestidas e frescas. As frutas e os legumes colhidos continuam a sofrer actividades biológicas, enquanto a transpiração e a respiração facilitam o intercâmbio de gases e água com o ambiente circundante. Os produtos frescos têm um prazo de validade significativamente mais curto e uma qualidade inferior após a colheita, devido a esta perda de água e de outros solutos. Nos processos de gestão pós-colheita são utilizados métodos químicos e não químicos. No entanto, a utilização incorrecta ou excessiva de agroquímicos tem sido associada a grandes problemas de saúde, tanto para os seres humanos como para o ambiente, de acordo com numerosos estudos, e a aprovação destes produtos pelos consumidores tem vindo a diminuir. Uma das técnicas de gestão pós-colheita mais eficazes para preservar a qualidade dos produtos hortícolas pós-colheita é a aplicação de revestimentos comestíveis, isoladamente ou em conjunto com extractos de plantas, óleos essenciais e metabolitos activos (Quarshi, Ahmed, Azmant, Chendouh-Brahmi, Quyyum & Abbas 2023).

Além disso, a otimização dos métodos de extração, dos níveis de concentração e das técnicas de aplicação é crucial para maximizar a eficácia dos extractos de plantas no prolongamento do prazo de validade dos coentros. A investigação futura poderá centrar-se na exploração dos efeitos sinérgicos da combinação de vários extractos de plantas, bem como no desenvolvimento de técnicas de conservação inovadoras, tais como revestimentos comestíveis ou embalagens activas. A utilização de extractos de plantas representa uma abordagem promissora para aumentar o prazo de validade e a qualidade dos coentros frescos, oferecendo alternativas sustentáveis e naturais aos conservantes sintéticos.

A investigação contínua nesta área tem o potencial de desbloquear novas estratégias para preservar ervas frescas e melhorar a segurança alimentar (Shelke et al. 2023).

As vantagens de vários revestimentos comestíveis para as técnicas de conservação de citrinos. Os revestimentos comestíveis podem prolongar o prazo de validade dos coentros, reduzindo as perdas pós-colheita e aumentando a disponibilidade de produtos frescos. Os revestimentos comestíveis têm o potencial de melhorar a segurança alimentar, suprimindo o crescimento microbiano e utilizando menos conservantes químicos. Os revestimentos comestíveis podem proporcionar benefícios financeiros aos produtores de citrinos e à indústria alimentar, reduzindo as perdas pós-colheita e aumentando a comercialização dos coentros. A utilização de revestimentos comestíveis pode beneficiar o ambiente, diminuindo a necessidade de conservantes químicos e os resíduos alimentares. Pode fornecer informações sobre a forma como os diferentes revestimentos interagem com as superfícies dos coentros e ajudar a identificar os mecanismos subjacentes à sua eficácia (Yao, Yang, & Duan, 2014).

OBJECTIVOS

1. Melhorar a qualidade e prolongar o prazo de validade dos coentros frescos com extractos naturais de plantas.
2. Melhorar o valor nutritivo e reduzir as perdas pós-colheita

Capítulo 2 : REVISÃO DA LITERATURA

Quando combinados com outras tecnologias, como o processamento e a embalagem, os alimentos podem ser mantidos frescos durante longos períodos de tempo. O prazo de validade dos alimentos não pode ser prolongado apenas por extractos de plantas com propriedades antibacterianas estabelecidas (Sultanbawa, 2014).

As aplicações da *Moringa oleífera* na cobertura de frutos comestíveis estão a tornar-se cada vez mais comuns. Comestível e conservadora de alimentos, *a Moringa oleífera* é uma planta com propriedades antimicrobianas, capacidade de formação de película, biodegradabilidade e caraterísticas bioquímicas. O tempo de vida dos coentros pode ser prolongado pela *Moringa oleífera* através da redução das taxas de respiração, mantendo as caraterísticas qualitativas (Misir, Brishti & Hoque, 2014)

As perdas pós-colheita dos coentros resultam principalmente da perda de peso, de fungos, de problemas fisiológicos e de pragas de quarentena. Por outro lado, a utilização generalizada destes tratamentos conduziu a problemas sanitários e ambientais significativos associados ao extrato das folhas de Syzygium cumini que contém resíduos de fungicidas ou compostos amoniacais, bem como à proliferação de fungos patogénicos resistentes ao tratamento. Para utilização em programas de controlo de doenças, é necessário criar substitutos não poluentes. A produção de quitosano e de outros revestimentos comestíveis envolve a adição de substâncias antifúngicas a emulsões compósitas constituídas por polissacáridos, proteínas e lípidos (Palou, Valencia-Chamorro, V Pérez-Gago, 2015).

Vários atributos de qualidade dos vegetais foram avaliados regularmente. A película retrátil preservou as várias qualidades dos legumes durante o seu período de vida útil melhor do que os legumes de controlo não embalados, incluindo a sua concentração de ácido ascórbico, sólidos solúveis totais, açúcares e acidez. Além disso, em comparação com os produtos hortícolas de controlo não embalados, os produtos hortícolas embalados em película retrátil apresentaram uma diminuição da atividade da enzima pectina metil esterase (Mahajan, Dhillon, Kumar, & Singh, 2015).

Tanto a embalagem em atmosfera modificada (MAP) como a imersão em hipoclorito de sódio foram aplicadas aos coentros frescos cortados. Os coentros cortados frescos foram conservados até 25 dias a 5 °C. O coentro cortado foi imerso numa solução de hipoclorito de sódio a 100 ppm e depois selado num ambiente com 5% v/v O2, 10% v/v CO2 e 85% v/v N2. Foram efectuadas avaliações sobre a análise sensorial, a firmeza, a cor, a qualidade microbiológica, a atmosfera do espaço livre e a perda de peso. A capacidade do coentro recém-cortado para reter as suas caraterísticas sensoriais e microbiológicas favoráveis foi significativamente afetada pela utilização das técnicas MAP e de imersão. O tratamento combinado provou ser mais bem sucedido na preservação da qualidade de armazenamento do que os tratamentos individuais. As conclusões do estudo mostram que o método mais promissor para preservar a frescura do coentro picado durante 25 dias completos de armazenamento foi a combinação do tratamento MAP com a imersão em hipoclorito de sódio (Waghmare & Annapure 2015).

Este projeto de investigação O tratamento pós-colheita inadequado faz com que o Nepal sofra grandes perdas, apesar de o país produzir anualmente uma grande quantidade de tangerinas e coentros. Foi realizada uma experiência em 2012-2013 para determinar os efeitos de vários procedimentos pós-colheita na qualidade e no prazo de validade da tangerina. Enquanto a bavistina apenas abrandou a perda de deterioração até quatro semanas, o Origanum Majorana foi a combinação mais eficaz para reduzir a perda de peso fisiológico. Os frutos de Origanum Majorana preservaram os níveis mais elevados de firmeza, vitamina C e palatabilidade após o armazenamento, quer tenham sido armazenados sozinhos ou em combinação com bavistina (Rokaya, Baral, Gautam, Shrestha & Paudyal, 2016).

As amostras de coentros frescos e limpos foram mantidas em embalagens de atmosfera modificada (MAP) a 4 °C com concentrações de ar variáveis durante 14 dias, depois de terem sido lavadas numa solução aquosa de dióxido de cloro. As concentrações de ácido ascórbico das amostras foram de 24,8 (T3), 22,4 (T4), 19,6 (T0), 18,2 (T2) e 8,8 (T1) mg/100 g após 14 dias. Quando comparado com os outros tratamentos, o T3 produziu a melhor preservação da cor, a menor quantidade de crescimento bacteriano e os níveis mais elevados de atividade da catalase e da superóxido dismutase durante o período de armazenamento. Os resultados demonstraram que a lavagem aquosa com dióxido de cloro e a condição T3 MAP aumentaram muito ($P < 0,05$) (P 0,05) o prazo de validade e preservaram a qualidade dos coentros frescos (Fang et al. 2016).

O teor de humidade, a fibra alimentar total e o teor de vitamina C das folhas de coentros (dhania) foram todos removidos com sucesso pelo método de secagem. O nosso método produziu um modelo quadrático estatisticamente significativo nas condições estudadas, o que foi suficiente para a otimização e previsão da resposta. Verificou-se que a remoção de humidade é significativamente afetada pela interação de todos os parâmetros de secagem. Verificou-se que 75 °C, 0,63 kg/m2 e 28 mm Hg eram os valores ideais para estes parâmetros. Nestas circunstâncias, os resultados incluíram 95% de remoção de humidade, 527 mg de vitamina C por 100 g e 13 g de fibra alimentar total por 100 g (Thirugnanasam bandham & Sivakumar 2016).

O revestimento vegetal é uma forma eficaz de restaurar os extractos naturais perdidos durante a lavagem e o manuseamento da Moringa oleifera, Syzygium cumini e Origanum majorana no campo pós-colheita. As preocupações com o ambiente e a saúde humana estão a impulsionar uma tendência para a utilização de revestimentos comestíveis naturais em vez de revestimentos sintéticos disponíveis no mercado (Khorram, Ramezanian & Hosseini, 2017).

De acordo com um estudo, as folhas frescas de coentros são, por natureza, bastante perecíveis; se não forem transformadas ou armazenadas corretamente, o seu conteúdo nutricional e a sua qualidade sensorial deterioram-se. As amostras que foram submetidas a tratamento foram colocadas em caixas de PVC com ar ambiente e mantidas a 4 °C durante dez dias, enquanto eram embaladas passivamente em várias condições ambientais. Foram efectuados estudos sobre os efeitos dos métodos de lavagem nos seguintes parâmetros: cor, teor de clorofila total, teor de ácido ascórbico, teor de componentes fenólicos totais e contagem total de bactérias aeróbias (APC). Os coentros frescos tratados com CD ou SH apresentaram os impactos menos negativos na cor, no teor total de clorofila e no nível de ácido ascórbico (Gao, Fang, Li, Chen, Zhao & Jin 2017).

Analisámos a influência de duas técnicas de secagem nas qualidades antioxidantes das folhas de coentros. A estabilidade do peso da amostra foi obtida mais rapidamente no micro-ondas do que no forno, de acordo com os dados da taxa de secagem. Em termos de antioxidantes, as folhas secas por micro-ondas apresentavam concentrações mais elevadas de polifenóis totais e de flavonóides totais do que as folhas secas no forno. Quando a tecnologia de micro-ondas foi utilizada, a medição da atividade de eliminação de radicais contra radicais estáveis ABTS e DPPH revelou um aumento no efeito de eliminação (Hihat, Remini & Madani 2017).

Através da investigação das suas qualidades sensoriais, caraterísticas bioquímicas, população microbiana e perfil de sabor durante o armazenamento, as folhas de coentros minimamente processadas (MPCL) foram avaliadas quanto ao impacto da integração de uma combinação óptima de pré-tratamento com embalagem no prazo de validade. Foi observado um prazo de validade de uma semana para as folhas de coentros minimamente tratadas embaladas em sacos de polipropileno de 25 μ e tratadas com 50 ppm de cinetina. Com a ajuda da combinação optimizada, foi conseguida uma forma eficiente de preservar o perfil de sabor, as caraterísticas sensoriais e a retenção de antioxidantes em MPCL durante 21 dias. A investigação sobre o impacto de uma combinação óptima na população microbiana e no perfil de sabor mostrou que, dos vários microrganismos, os pectinolisadores reduziram significativamente a deterioração do MPCL, com uma população de ≤3,59 log cfu/g considerada aceitável. A análise de componentes principais dos voláteis do headspace mostrou que as amostras armazenadas (E)-2-undecenal, (E)-2-hexadecenal, (E)-2-tetradecenal e (E)-2-tetradecen- 1-ol se agruparam com amostras frescas; como resultado, eles podem ser usados como marcadores de frescor para MPCL (Ranjitha, Shivashankara, Rao, Oberoi, Roy, & Bharathamma 2017).

Os revestimentos comestíveis devem cumprir normas específicas, o que os torna particularmente adequados para aplicação em frutas e legumes inteiros ou acabados de cortar. Dado que as frutas e os legumes são submetidos a respiração após a colheita, é crucial que os revestimentos comestíveis possuam propriedades precisas e equilibradas de permeabilidade ao gás para facilitar a troca regular de CO2/O2 (Arnon-Rips & Poverenov, 2018).

Quando armazenados, os coentros têm tendência para se estragarem. Depois de serem tratados com 0,68 mg/L de ozono (O3), os coentros foram armazenados a 20 °C para melhorar a sua qualidade pós-colheita. Os resultados mostraram que o O3 diminuiu a taxa de respiração e a atividade da polifenol oxidase, mantendo o aspeto físico dos coentros colhidos. As enzimas Mg-desquelatase, feofitinase, clorofilase e peroxidase de degradação da clorofila degradaram menos clorofila quando expostas ao O3. Os resultados mostraram ainda que os coentros tratados com O3 impediram eficazmente a acumulação de peróxido de hidrogénio e a formação de aniões superóxidos, apresentando níveis muito mais elevados de atividade enzimática da peroxidase, catalase e ascorbato peroxidase do que os coentros não tratados (Xu, Shi, Jia, Yan, Gao, Guan & Zuo 2019).

Este estudo procura examinar como as caraterísticas de qualidade da manga madura são afectadas por extractos de chá verde e de folhas de moringa, substâncias naturais utilizadas como revestimentos. Durante duas, quatro e seis semanas, a manga Zebda foi mantida em câmara frigorífica. Para além do controlo, seis tratamentos produziram uma solução contendo 2,5, 5 e 10% de extractos das folhas de Moringa oleifera e Camellia sinensis, respetivamente. Amostras de frutos de manga maduros foram recolhidas ao acaso em meados de agosto e, ao longo de duas épocas consecutivas, foram cobertas com extractos. Os controlos (frutos não tratados) receberam os mesmos tratamentos que os seguintes: 2,5%, 5% e 10% de extractos de moringa e chá verde, respetivamente. Em comparação com o controlo, os resultados demonstraram que todos os tratamentos tiveram um impacto positivo na redução da percentagem de perda de peso dos frutos, na percentagem de deterioração dos frutos, na percentagem de acidez total e no teor de peroxidação lipídica (MDA) e no aumento do T.S.S., da relação T.S.S./ácido, da vitamina C, da percentagem de atividade antioxidante (DPPH), da atividade da enzima

PAL e do teor de fenóis totais. Durante as duas épocas consecutivas desta investigação, a elevada qualidade dos frutos da manga cv. Zebda foi melhorada sob durações de armazenamento a frio (2, 4 e 6 semanas) com extrato de folhas de moringa (10%) e extrato de folhas de chá verde 5% como tratamentos recomendados. Previa-se que haveria uma quantidade significativa de deterioração da fruta e perda de peso durante o período de armazenamento a frio de seis semanas para a fruta. Este período é também indicativo do pico dos danos oxidativos ou da peroxidação lipídica (MDA). Assim, os resultados demonstraram que todos os tratamentos melhoraram os parâmetros anti-oxidativos (PAL, fenóis totais e atividade antioxidante), o que explica a sua capacidade de resistir aos danos oxidativos ou à peroxidação lipídica (MDA) melhor do que os tratamentos os não tratados durante o período de armazenamento (Abd El-Razek, Abd El-Motty, Orabi & Abou- Elfotouh 2019).

A ameixa preta, ou "jamun", Eugenia jambolana Lam. é uma erva medicinal crucial utilizada em muitos sistemas médicos tradicionais. Funciona bem no tratamento de diabetes mellitus, inflamações, úlceras e diarreia. A investigação pré-clínica também revelou que tem qualidades antitumorais, radioprotectoras e quimiopreventivas. As antocianinas, o glucósido, o ácido elágico, a isoquercetina, o kaemferol e a miricetina são alguns dos muitos produtos químicos encontrados em abundância na planta. Afirma-se que as sementes contêm o glicosídeo jambolina ou antimelina e o alcaloide jambosina, que impedem que o amido seja convertido em açúcar por meios diastásicos. O objetivo da presente revisão é fornecer uma visão geral dos dados atualmente disponíveis sobre as utilizações tradicionais e terapêuticas (Parveen & Khan 2019).

Este estudo analisou as propriedades antibacterianas do extrato das folhas de Moringa oleifera e a forma como a sua adição afectava a qualidade do iogurte. Utilizando o método de difusão em ágar, foi avaliada a atividade antibacteriana de várias concentrações de extrato (0,2, 0,4 e 0,8%) contra estirpes de Saccharomyces cerevisiae, Aspergillus fumigatus, Bacillus subtilis Nz8 (NCTC3610), Escherichia coli (ATCC35150) e Staphylococcus aureus (ATCC43300). Entre todos os microrganismos examinados, o extrato com a maior atividade foi encontrado a uma concentração de 0,8%. O impacto da adição de extrato de folhas de Moringa oleifera (0,2, 0,4 e 0,8%) ao iogurte foi avaliado em termos do seu prazo de validade, composição química, caraterísticas microbiológicas e atributos organolépticos. O prazo de validade do iogurte foi aumentado para 28 dias com a adição de 0,8% de extrato de folhas de Moringa oleifera 2, mas até 21 dias de armazenamento refrigerado, a adição de 0,4% teve o maior impacto nas qualidades organolépticas do produto (Saad & Elkhtab 2019).

A comparação dos efeitos dos tipos de coentros híbridos e locais após o branqueamento e a secagem foi o objetivo da presente investigação. Após o branqueamento a 85°C durante 3,5 minutos, os alimentos foram secos ao sol e dentro de um armário. O branqueamento reduziu a quantidade de clorofila total, o teor de clorofila b, o fenol total, o teor de carotenóides totais, o ácido ascórbico e a luminosidade das folhas secas, enquanto aumentou a quantidade de vermelhidão, amarelecimento e sólidos totais nas amostras secas. Quando as amostras foram secas em armário em vez de secas ao sol, perdeu-se uma maior percentagem do teor total de fenóis para ambos os tipos de coentros. A menor quantidade de perda nutricional ocorre quando as folhas de coentros são secas num armário a 60° C, de acordo com o estudo (Shafi et al. 2020).

Os extractos de sementes de Origanum majorana foram avaliados quanto ao seu potencial antioxidante e de eliminação de radicais livres, e os seus resultados foram associados ao seu conteúdo fenólico total (TPC) e ao conteúdo de taninos condensados

(CTC). Os componentes bioactivos foram extraídos das sementes de Origanum majorana a 45 °C durante 45 minutos utilizando etanol, metanol, acetona e clorofórmio. O metanol parece ser um solvente de extração significativo em comparação com outros solventes porque o extrato metanólico apresentou a concentração mais elevada de componentes bioactivos (1,18 mg GAE/g dwb) com potencial para antioxidantes. O método do reagente de Folin-Ciocalteu (reagente FC) foi utilizado para avaliar os compostos fenólicos totais nas sementes. A gama de compostos fenólicos totais nas sementes foi de 0,10-1,18 mg de equivalente de ácido gálico por grama de base de peso seco (mg GAE/g dwb). A catequina, o ácido cinâmico, o ácido gálico e o ácido ascórbico foram todos validados por análise HPLC. As qualidades nutracêuticas dos extractos de sementes de Origanum majorana foram validadas pelo seu potencial antioxidante, o que continuará a ser útil para criar diferentes tipos de produtos alimentares funcionais (Ennaji, Chahid, Aitssi, Badou, Khlil & Ibenmoussa 2020).

Os legumes frescos com um elevado valor nutricional são muito procurados, nomeadamente os coentros. Para o cultivo de legumes de qualidade superior, podem ser aplicadas condições de stress às plantas ou suprimidas numa fábrica de plantas com iluminação artificial. Para aumentar a biomassa e o teor de metabolitos secundários das plantas hidropónicas de coentros, este estudo procurou identificar um tratamento adequado da temperatura da zona radicular. Sob stress, o peso fresco das plantas de coentros diminuiu. Em contrapartida, a capacidade antioxidante das plantas e a concentração de metabolitos secundários, como o ácido ascórbico, os carotenóides, os compostos fenólicos e o ácido clorogénico, aumentaram quando se combinou a fase de stress mais baixa ou máxima e um período de stress mais longo (6 dias) (Nguyen, Lu, Kagawa, Kitayama & Takagaki 2020).

A pele do alho com poros foi revestida com alginato de sódio que tinha sido cruzado . A estrutura dos poros da pele, o revestimento de cera e a estrutura geral foram todos estudados para ajudar a explicar como os químicos do revestimento penetram na pele. Foram sugeridas vias para a entrada da pastilha elástica na pele. A pastilha elástica pode entrar no corpo de três formas diferentes: através da própria pele, através de descontinuidades da pele e por baixo da área onde se encontram as raízes (Reshmy et al. 2020).

Os revestimentos alimentares que são aplicados diretamente nas superfícies dos alimentos alteram o ambiente. Para alcançar os resultados desejados adicionais, podem ser adicionados compostos activos aos revestimentos comestíveis. Quando se trata de proteger contra a degradação microbiológica, perder a qualidade natural do produto e prolongar o prazo de validade, estes revestimentos e embalagens podem constituir uma barreira extremamente robusta (Suhag, Kumar, Petkoska & Upadhyay 2020).

Uma planta medicinal tradicional, originária dos subcontinentes indiano e asiático, chama-se Syzygium cumini, também conhecida como Eugenia Jambolana Lam. Também é conhecida como jamun ou ameixa preta. Há muitas partes de plantas da árvore que são utilizadas para fins etnomédicos; os frutos da árvore Jamun, em particular, são amplamente utilizados para fins terapêuticos e para fazer bebidas saudáveis. A investigação indicou que as bagas são ricas em minerais, hidratos de carbono e compostos com propriedades farmacológicas. As antocianinas, os terpenos e os flavonóides são os fitoquímicos activos. Mesmo antes da descoberta da insulina, o jamun era utilizado para tratar a diabetes na medicina popular ayurvédica e indiana. Num certo número de modelos diabéticos, as formas brutas da casca, da polpa do fruto, das sementes e das folhas são avaliadas para além dos extractos. Além disso, são utilizadas experiências in vitro para extrair fitoquímicos bioactivos; alguns destes, como o vitalbosídeo-A e a micominose, são posteriormente identificados por análise espectroscópica. Utilizando dados de estudos actuais concluídos nos últimos dez anos, este artigo de revisão tem como objetivo consolidar o potencial terapêutico do Syzygium cumini, com destaque para os ingredientes fitoquímicos e a sua atividade farmacológica relacionada com a intervenção diabética. A investigação clínica e toxicológica também é abordada (Asanaliar & Nadig 2020).

Uma abordagem eficaz para preservar a qualidade dos legumes e frutos frescos e reduzir a deterioração pós-colheita envolve a utilização de óleos essenciais, isoladamente ou em conjunto com películas comestíveis. Dada a natureza perecível dos morangos, a utilização de óleos essenciais é considerada um meio altamente eficaz de prolongar a sua vida útil durante o armazenamento. O estudo utilizou vários parâmetros para avaliar as alterações nas caraterísticas físico-químicas e microbianas dos morangos, incluindo a perda de peso, a taxa de deterioração, a firmeza, o teor de sólidos solúveis, a acidez titulável, a cor, os níveis de antocianina, o teor de vitamina C, os fenóis totais, os antioxidantes totais, a atividade da catalase, a atividade da polifenol oxidase, a avaliação sensorial, a carga microbiana, os coliformes totais, os bolores e as leveduras.

Os resultados do estudo indicaram que o tratamento com as três combinações de óleos essenciais (L, O e M) conduziu a um aumento do teor total de antioxidantes e a uma melhoria das propriedades físico-químicas em comparação com os frutos não tratados, devido à sua capacidade de atenuar o crescimento microbiano, particularmente bolores e leveduras. Os frutos tratados também apresentaram uma aceitabilidade e caraterísticas sensoriais superiores no final do período de armazenamento. Além disso, a análise de correlação revelou uma forte associação negativa entre a concentração total de antioxidantes nos frutos tratados e vários atributos de qualidade, incluindo perda de peso, taxa de respiração, teor de sólidos solúveis, taxa de deterioração, atividade da polifenol oxidase, bolores e leveduras. Notavelmente, todos os tratamentos com óleo essencial prolongaram a vida útil dos morangos, evitando a degradação por até dezoito dias (Shehata, Abdeldaym, Ali, Mohamed, Bob & Abdelgawad 2020).

Defesa contra infecções microbiológicas, facilidade de utilização, caraterísticas mecânicas e avaliação sensorial. Um revestimento comestível é uma camada fina de ingredientes que é aplicada como um semi-líquido por pincelagem, imersão ou pulverização no exterior do produto. Existem vários tipos de revestimentos, dependendo do material utilizado, mas os revestimentos comestíveis à base de polissacáridos estão a ganhar popularidade (Riaz et al. 2021).

O objetivo do presente estudo foi analisar o rastreio fitoquímico inicial das sementes de Syzygium cumini, que é um membro da família Myrtaceae. Os resultados demonstraram a existência de componentes fitoquímicos com potenciais benefícios médicos nos extractos de acetato de etilo e de metanol das folhas de Syzygium cumini (L.). Utilizando o método de difusão em disco, a atividade antibacteriana do extrato foi avaliada contra isolados clínicos e estirpes padrão de várias bactérias. Os extractos incluíam flavonóides, alcalóides, glicosídeos, esteróides, fenóis, saponinas, terpenóides, glicosídeos cardíacos e taninos, de acordo com análises fitoquímicas preliminares. Salmonella enteritidis, Salmonella typhi, Salmonella typhi A, Salmonella paratyphi A, Salmonella paratyphi B, Pseudomonas aeruginosa e Escherichia coli foram alguns dos isolados clínicos de bactérias gram-negativas contra os quais os extractos tiveram efeito inibitório. Staphylococcus aureus e Bacillus subtilis são exemplos de bactérias gram positivas. Os resultados demonstraram que os extractos de metanol tinham mais potência do que os extractos aquosos (Tambe, Pedhekar & Harshali 2021).

Os testes de poder antioxidante redutor férrico (FRAP) e de eliminação do radical livre 2,2-difenil-1-picrilhidrazil (DPPH) foram utilizados para avaliar a atividade antioxidante dos extractos de folhas de Syzygium cumini. A análise antioxidante foi realizada no extrato metanólico, bem como nas suas quatro fracções de água, acetato de etilo, clorofórmio e n-hexano. Os resultados demonstraram que, em comparação com as outras fracções, a fração de acetato de etilo apresentou uma maior atividade antioxidante. A atividade antioxidante dos extractos de folhas de S. cumini foi atribuída a componentes fenólicos, incluindo catequina e ácido ferúlico, de acordo com dados de HPLC. Esta conclusão foi corroborada por uma relação linear substancial entre a eficácia antioxidante, a capacidade dos extractos de folhas para eliminar radicais livres e a quantidade de produtos químicos fenólicos que contêm (Sadiq et al. 2021).

Frutas como o morango e a moringa oleifera são cultivadas em todo o mundo e são dotadas pelos deuses de uma riqueza de propriedades medicinais e nutricionais, incluindo vitamina C, vitamina E, ferro, potássio e catequinas. Utilizando quantidades variáveis de sumo de morango subutilizado e moringa, o principal objetivo do estudo é criar uma variedade de amostras prontas a servir (RTS) altamente aceitáveis da mistura. O sumo de morango é utilizado para contrariar o sabor amargo e a tonalidade verde da Moringa oleifera, o que restringe severamente a sua aceitação. Para saber se a mistura de sumo era adequada e tinha um bom prazo de validade, foi realizada uma análise físico-química do sumo misturado. Os resultados indicam que houve uma pequena alteração no pH, na acidez titulável (AT) e nos sólidos solúveis totais (SST) com a adição do extrato de sumo de Moringa e durante o armazenamento. O conteúdo fenólico total (TPC), antioxidante e vitamina C mostraram melhorias positivas após o tratamento com moringa

- de 12 a 49,17 mg GAE/100g, 61,41 a 87,69% e 64,03 a 86,65 mg/100 mL, respetivamente. No entanto, após um mês no frigorífico, a quantidade de antioxidantes diminuiu ligeiramente. A vitamina C e o TPC mostraram uma tendência de assimilação, caindo de 49,17-36,32 mg GAE para 86,65-79,19 mg, respetivamente. A mistura de sumo, composta por 90% de sumo de morango e 10% de extrato de Moringa, recebeu as classificações mais elevadas de sabor, cor e gosto de acordo com a análise sensorial T2. Devido à sua quantidade substancial de componentes nutritivos, esta mistura de sumo demonstrou ser bastante benéfica, particularmente para crianças e mulheres malnutridas (Arif et al 2022).

As folhas de coentros não têm sido utilizadas em muitos produtos alimentares, mas continuam a ser das ervas mais produzidas e consumidas. A fim de preservar e fornecer folhas frescas de forma conveniente sem sacrificar o seu valor nutricional, as folhas são normalmente minimamente tratadas antes de serem distribuídas aos clientes a que se destinam. Para prolongar o prazo de validade das folhas, é utilizada no processo de secagem uma combinação de métodos de secagem tradicionais (como a secagem à temperatura do ar e a secagem em forno de ar quente) e métodos de ponta (como a secagem por micro-ondas). Um dos aspectos mais importantes da utilização das folhas de coentros nas refeições é a extração do óleo essencial. Para além das aplicações alimentares, as folhas de coentros também têm sido consideradas essenciais para diferentes utilizações farmacológicas devido à sua capacidade antioxidante (Khan, Imran, Ahmad, Ahmad & Sattar 2023).

No presente estudo, o processo de liofilização foi utilizado para criar microcápsulas utilizando o extrato de jamun preto e três materiais de parede distintos: goma xantana, goma guar e maltodextrina. Foram examinadas várias caraterísticas físico-químicas das microcápsulas produzidas. Pode concluir-se que a atividade microbiana pode ser limitada porque o teor de humidade e a atividade da água eram ambos inferiores a 6,50 g de água/100 g e 0,38, respetivamente. A cor púrpura das microcápsulas geradas foi indicada pelos valores positivos do parâmetro de cor "a". A higroscopicidade, a solubilidade e o grau de aglomeração das microcápsulas foram determinados em 11,14-15,77 g/100 g, 70,12%-76,36% e 22,31%-30,22%, respetivamente. Para as microcápsulas que foram criadas, a temperatura de transição vítrea variou de 88 a 135°C. Os resultados mostraram que a microcápsula à base de maltodextrina tinha maior eficiência de encapsulação, teor total de antocianina e atividade antioxidante, com 71,88%, 6,01 C-3-G mg/g e 94,16% de atividade de eliminação do radical DPPH, respetivamente (Sharma, Dash, Badwaik & Bhagya Raj 2023).

Capítulo 3 : CONCEPÇÃO E METODOLOGIA DA INVESTIGAÇÃO

3.1. Recolha de amostras

Os coentros frescos foram recolhidos no Township Market, Lahore. Além disso, as folhas frescas de coentros, moringa, jaman e marwa foram recolhidas no viveiro próximo da Universidade Minhaj de Lahore (Figura 3.1 e 3.2). A amostra foi recolhida em 1^{rst} de junho de 2023, a temperatura era de 36°C durante o dia. Além disso, as condições climatéricas nessa altura são apresentadas no Quadro 3.1.

Quadro 3.1. Condições meteorológicas da área do município na altura da amostragem de coentros no município de Lahore.

Daytime temperature	36°C
Nightly temperature	20°C
Average temperature	25°C
Daily sunshine	10hrs
Avg rainfall	25mm
Rainy days	5 days
Sea temperature	18.3°C
Humidity	61%
Windspeed	2.9kph

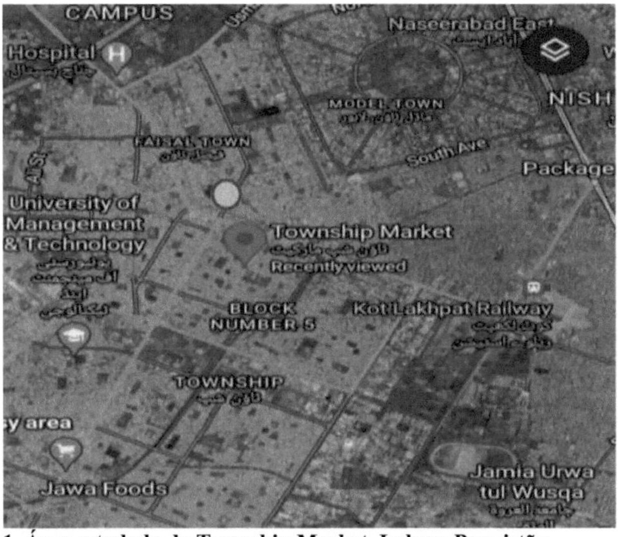

Figura 3.1. Área estudada do Township Market, Lahore Paquistão (www.googlemap.com) (a linha amarela pontilhada destaca a parte da recolha de amostras).

Figura 3.2. A: Folhas de Moringa, B: Folhas de Jaman e C: Folhas de Marwa

Figura 3.2. Coentros recolhidos para a experiência

3.2. Preparação do extrato aquoso

Para a preparação do extrato de folhas de plantas, cerca de 10 g de folhas de plantas selecionadas (marwa, moringa e jaman) foram colocadas em 100 mL de água destilada e aquecidas a 60 °C durante 15 minutos. Depois disso, os extractos foram arrefecidos e filtrados. Os extractos resultantes de cada planta selecionada foram de 10%. Além disso, os filtrados foram armazenados a 4°C para utilização posterior (Figura 3.3).

3.3. Preparação do extrato etanólico

Para fazer o extrato das folhas de Marwa, Jaman e Moringa a 60 °C, 5 g de cada planta escolhida foram fervidos em 150 mL de etanol. Adicionalmente, foram filtradas e o filtrado foi armazenado para utilização posterior a 4 °C. Depois disso, durante cinco dias, cada extrato foi pulverizado diariamente nos coentros saudáveis que foram comprados (Figura 3.3).

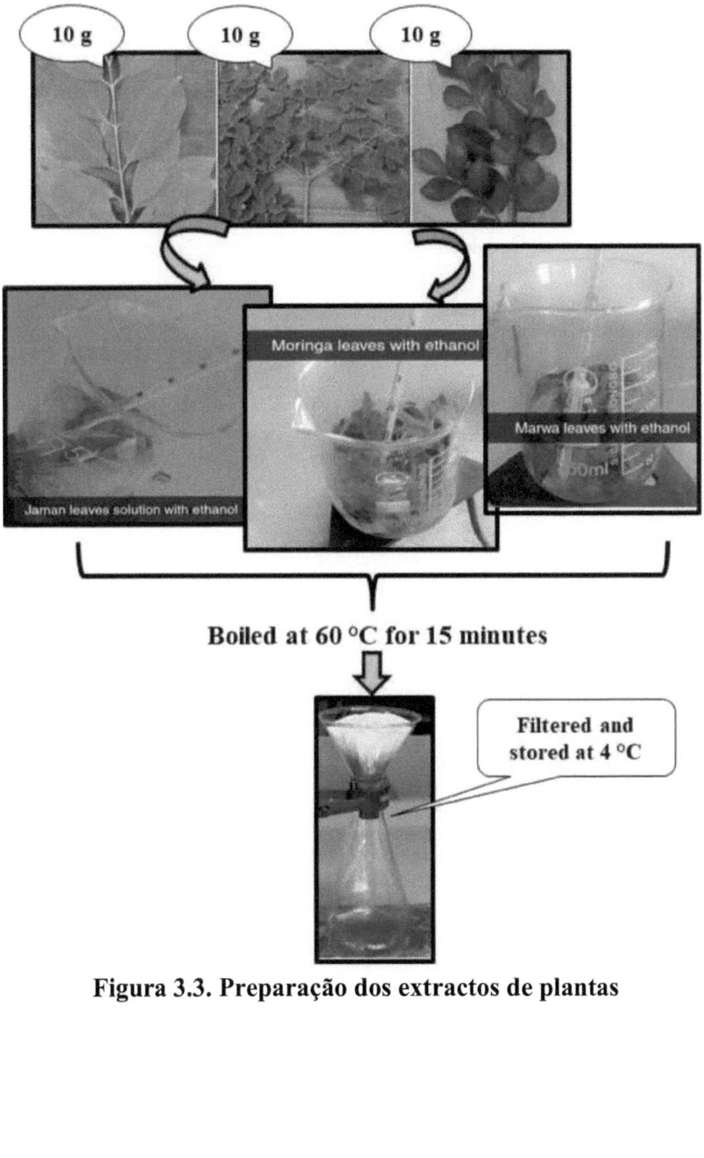

Figura 3.3. Preparação dos extractos de plantas

3.4. Experiências

Os coentros frescos foram inicialmente bem lavados com água da torneira e secos ao ar. Depois disso, foram preparados cerca de nove conjuntos. Conjunto 1: Controlo (pulverizado com água da torneira). Conjunto 2: Extrato etanólico de folhas de moringa, Conjunto 3: Extrato etanólico de folhas de marwa, Conjunto 4: Extrato etanólico de folhas de jaman, Conjunto 5: Extrato aquoso de folhas de moringa, Conjunto 6: Extrato aquoso de folhas de marwa, Conjunto 7: Extrato aquoso de folhas de jaman, Conjunto 8: Embrulho com papel de seda e Conjunto 9: Embrulho com sacos de polietileno. Cada conjunto de tratamentos foi replicado três vezes e foi projetado de forma completamente aleatória. Em cada conjunto, os extractos relevantes foram pulverizados nos coentros diariamente, uma vez por dia, durante cinco dias.

3.5. Recolha de dados

3.5.1. Análise físico-química dos coentros

A) Perda de peso

Após sete dias de armazenamento, a diferença entre o peso inicial e o peso final dos coentros foi determinada em triplicado para representar a perda de peso total ocorrida durante esse período (AOAC, 1994).

B) Análise sensorial

A amostra foi avaliada utilizando uma escala hedónica por um painel de cinco juízes com base em caraterísticas organolépticas como a textura, a cor/aparência, o aroma e o sabor dos coentros durante vários períodos de armazenamento (Raghav e Saini, 2018).

C) Percentagem de decaimento

A fórmula seguinte foi utilizada para determinar a percentagem de deterioração das amostras:

$$\text{Percentagem de decaimento (\%)} = 100\text{-}(A\text{-}B)/A$$

Em que A representa o peso total da amostra e B representa a amostra degradada

3.5. Análise estatística

Os dados foram analisados utilizando a diferença menos significativa (LSD) através do Statistix 8.1.

Capítulo 4 : RESULTADOS

4.1. Análise físico-química dos coentros

4.1.1. Perda de peso

A) Água destilada

Verificou-se que a pulverização foliar de água destilada em coentros frescos durante cinco dias diminuiu significativamente ($P \leq 0,05$) o peso dos coentros em 14 a 89% em comparação com o peso que foi obtido no primeiro dia dos coentros frescos quando comprados no mercado (Figura 4.1).

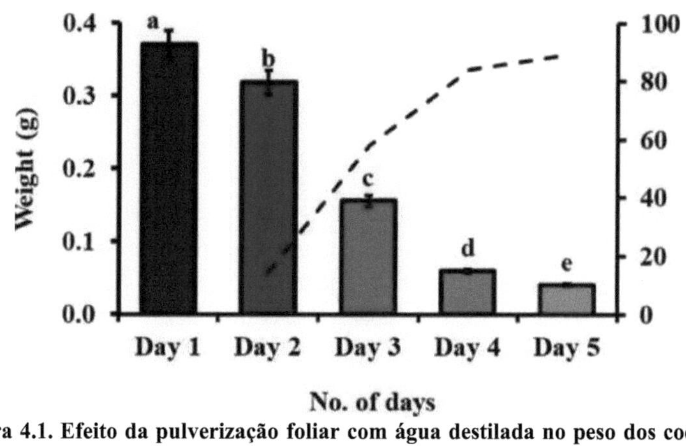

Figura 4.1. Efeito da pulverização foliar com água destilada no peso dos coentros frescos. Alfabetos: a, b, c, d e e Diferença mínima significativa (LSD) de 3 réplicas. Linha pontilhada: % de inibição da idade

B) Papel de seda

Verificou-se que a pulverização foliar foi aplicada em papel de seda de coentros frescos durante cinco dias, o que reduziu significativamente ($P \leq 0,05$) o peso dos coentros em 11 a 91% em comparação com o peso que foi obtido no primeiro dia dos coentros frescos quando comprados no mercado, como se mostra na (Figura 4.2).

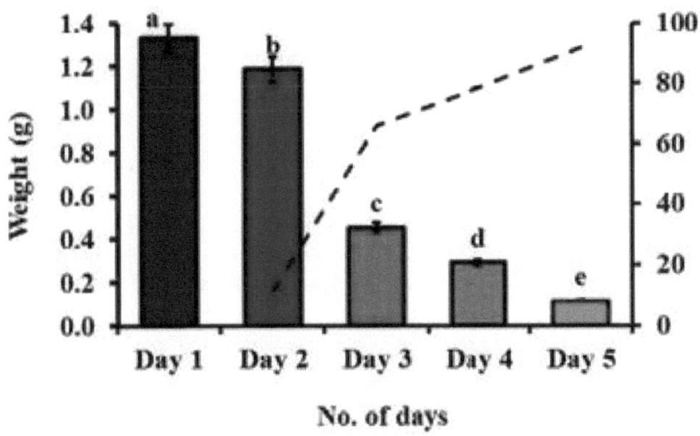

Figura 4.2. Efeito da pulverização foliar com papel de seda no peso dos coentros frescos. Alfabetos: a, b, c, d e e Diferença mínima significativa (LSD) de 3 réplicas. Linha pontilhada: % de inibição da idade

B) Embalagem de sacos de compras

Foi demonstrado que a pulverização foliar foi aplicada num saco de compras que envolvia coentros frescos durante cinco dias, diminuindo significativamente ($P \leq 0,05$) o peso dos coentros em 14 a 81%, em comparação com o peso que foi obtido no primeiro dia dos coentros frescos quando comprados no mercado, como se mostra na (Figura 4.3).

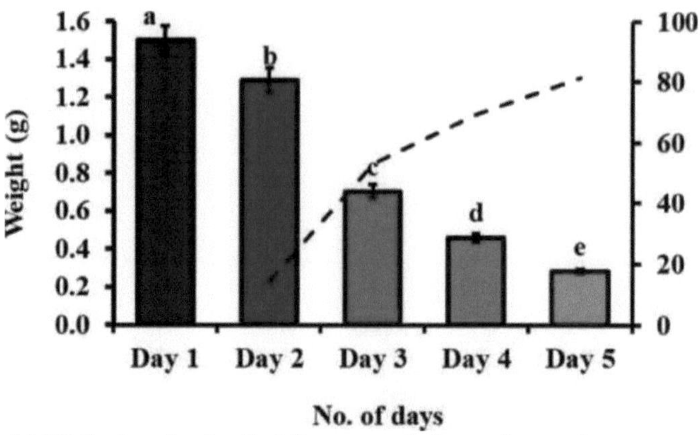

Figura 4.3. Efeito da pulverização foliar com embalagem de saco de compras no peso dos coentros frescos. Alfabetos: a, b, c, d e e Diferença mínima significativa (LSD) de 3 réplicas. Linha pontilhada: % de inibição da idade

D) Extrato aquoso de Moringa

Foi demonstrado que os coentros frescos beneficiam da aplicação de pulverização foliar do extrato aquoso de Moringa durante cinco dias significativamente ($P \leq 0{,}05$) diminuiu o peso dos coentros em 2 a 77% em comparação com o peso que foi tomado no primeiro dia de coentros frescos quando comprados no mercado como mostrado na (Figura 4.4).

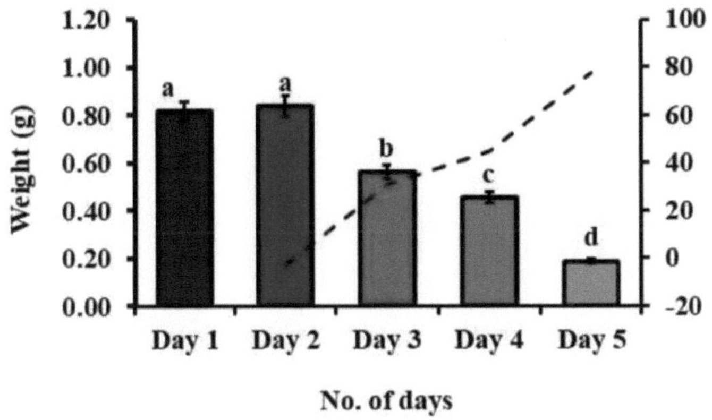

Figura 4.4. Efeito da pulverização foliar com extrato aquoso de Moringa no peso de coentros frescos. Alfabetos: a, b, c, d e e Diferença menos significativa (LSD) de 3 réplicas. Linha pontilhada: % de inibição de idade

E) Extrato etanólico de Moringa

Observou-se que a pulverização foliar do extrato etanólico de Moringa em coentros frescos durante cinco dias reduziu significativamente ($P \leq 0,05$) o peso dos coentros em -26 a - 100% em comparação com o peso que foi tomado no primeiro dia de coentros frescos quando comprados no mercado, como mostrado na (Figura 4.5).

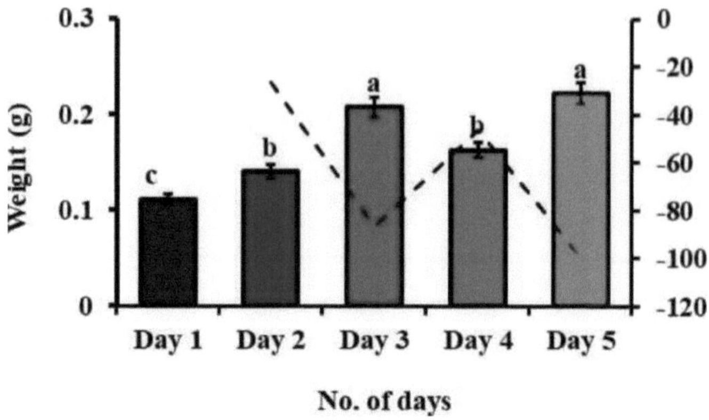

Figura 4.5. Efeito da pulverização foliar com extrato etanólico de Moringa no peso de coentros frescos. Alfabetos: a, b, c, d e e Diferença menos significativa (LSD) de 3 réplicas. Linha pontilhada: % de inibição de idade

F) Extrato aquoso de jaman

Foi demonstrado que a utilização de coentros frescos com uma pulverização foliar de extrato aquoso de Jaman durante cinco dias aumentou significativamente ($P \leq 0,05$) o peso dos coentros em -18 a 71% em comparação com o peso que foi obtido no primeiro dia de coentros frescos quando comprados no mercado, como se mostra na (Figura 4.6).

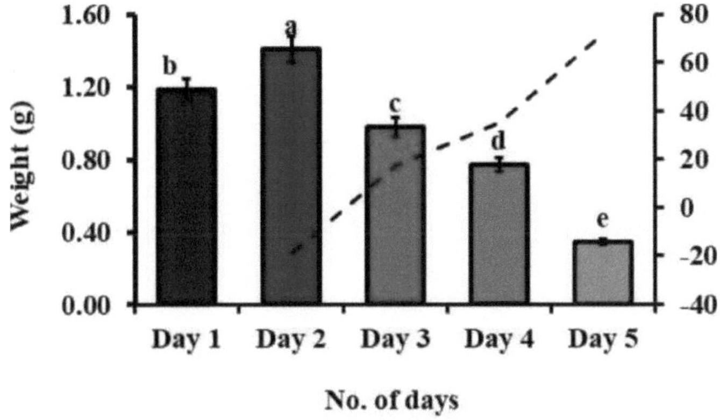

Figura 4.6. Efeito da pulverização foliar com extrato aquoso de Jaman no peso de coentros frescos. Alfabetos: a, b, c, d e e Diferença mínima significativa (LSD) de 3 réplicas. Linha pontilhada: % de inibição da idade

C) Extrato etanólico de jaman

Observou-se que a pulverização foliar de extrato etanólico de Jaman em coentros frescos durante cinco dias aumentou significativamente ($P \leq 0,05$) o peso dos coentros em -18 a 57% em comparação com o peso que foi obtido no primeiro dia de coentros frescos quando comprados no mercado, como se mostra na (Figura 4.7).

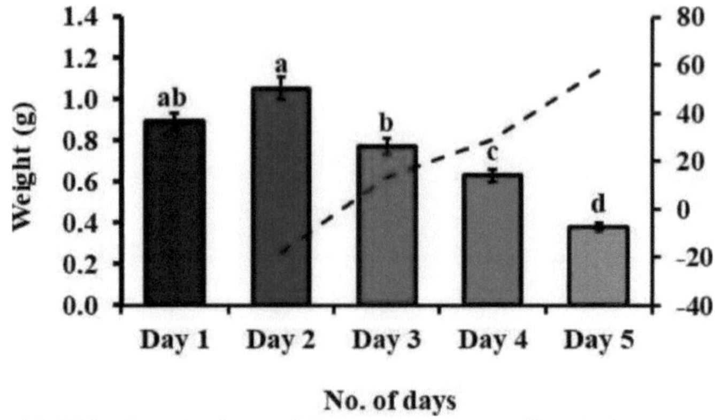

Figura 4.7. Efeito da pulverização foliar com extrato etanólico de Jaman no peso de coentros frescos. Alfabetos: a, b, c, d e e Diferença mínima significativa (LSD) de 3 réplicas. Linha pontilhada: % de inibição da idade

D) Extrato aquoso de Marwa

Nos coentros frescos, observou-se que a pulverização foliar do extrato aquoso de Marwa durante cinco dias aumentou significativamente ($P \leq 0,05$) o peso dos coentros em 32 a 88% em comparação com o peso que foi obtido no primeiro dia dos coentros frescos quando comprados no mercado, como se mostra na (Figura 4.8).

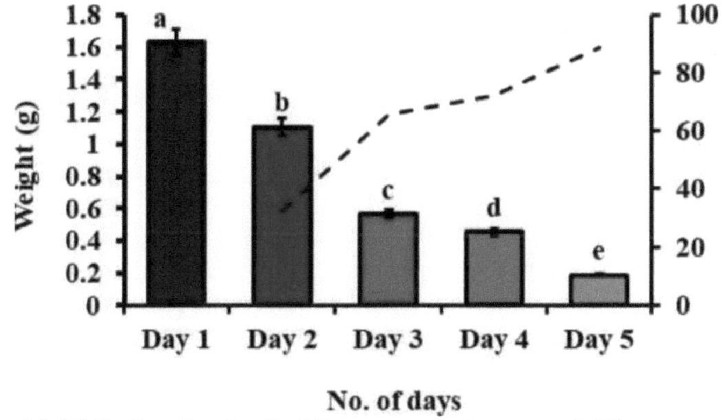

Figura 4.8. Efeito da pulverização foliar com extrato aquoso de Marwa no peso de coentros frescos. Alfabetos: a, b, c, d e e Diferença mínima significativa (LSD) de 3 réplicas. Linha pontilhada: % de inibição da idade

E) Extrato etanólico de Marwa

Foi demonstrado que a pulverização foliar de extrato etanólico de Marwa em coentros frescos durante cinco dias aumentou significativamente ($P \leq 0,05$) o peso dos coentros em 27 a - 14% em comparação com o peso que foi tomado no primeiro dia de coentros frescos quando comprados no mercado, como se mostra na (Figura 4.9).

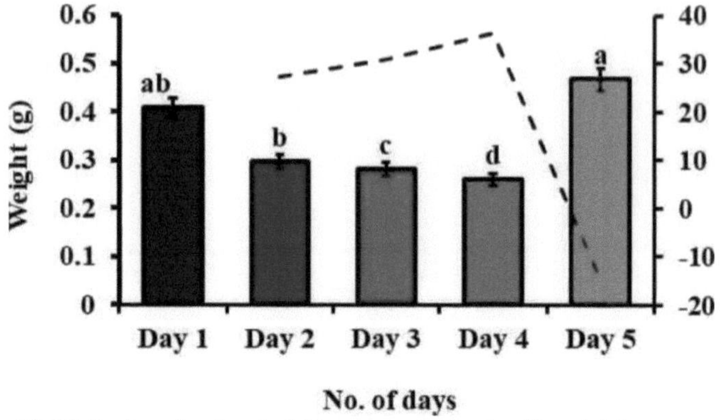

Figura 4.9. Efeito da pulverização foliar com extrato etanólico de Marwa no peso de coentros frescos. Alfabetos: a, b, c, d e e Diferença mínima significativa (LSD) de 3 réplicas. Linha pontilhada: % de inibição da idade

4.1.2. Comprimento

A) Água destilada

Verificou-se que a pulverização foliar de água destilada em coentros frescos durante cinco dias diminuiu significativamente ($P \leq 0,05$) o comprimento dos coentros em 33 a 7% em comparação com o comprimento que foi obtido no primeiro dia dos coentros frescos quando comprados no mercado (Figura 4.10).

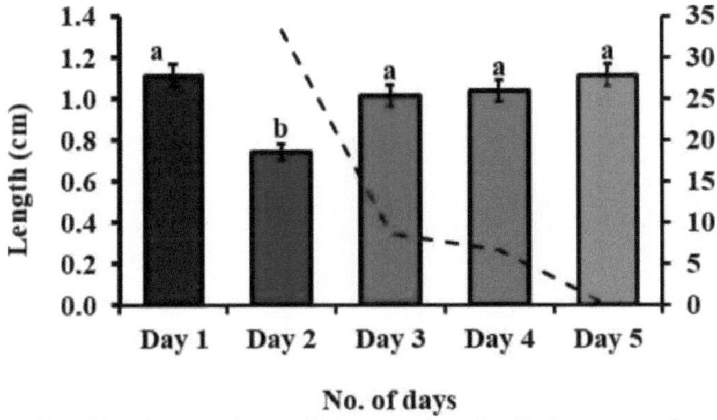

Figura 4.10. Efeito da pulverização foliar com água destilada no comprimento dos coentros frescos. Alfabetos: a, b, c, d e e Diferença mínima significativa (LSD) de 3 réplicas. Linha pontilhada: % de inibição da idade

B) Papel de seda

Observou-se que a pulverização foliar foi aplicada em papel de seda de coentros frescos durante cinco dias, aumentando significativamente ($P \leq 0,05$) o comprimento dos coentros em 1 vez, em comparação com o comprimento que foi obtido no primeiro dia dos coentros frescos quando comprados no mercado, como se mostra na (Figura 4.11).

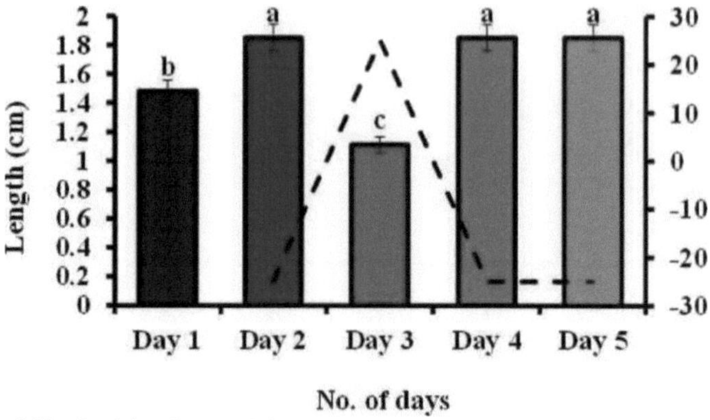

Figura 4.11. O efeito do envolvimento com papel de seda no comprimento dos coentros frescos. Alfabetos: a, b, c, d e e Diferença mínima significativa (LSD) de 3 réplicas. Linha pontilhada: % de inibição da idade

C) Embalagem de sacos de compras

Foi demonstrado que embrulhar os coentros frescos num saco de compras durante cinco dias aumentou significativamente ($P \leq 0,05$) o comprimento dos coentros em 1 vez, em comparação com o comprimento obtido no primeiro dia dos coentros frescos, quando comprados no mercado, como se mostra na (Figura 4.12).

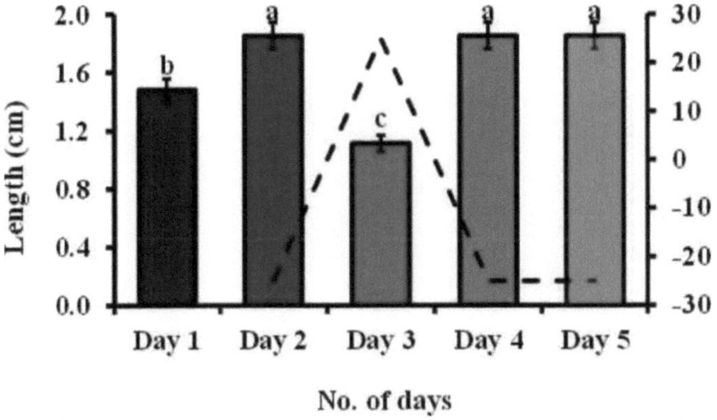

Figura 4.12. Efeito da embalagem em saco de compras no comprimento dos coentros frescos.

Alfabetos: a, b, c, d e e Diferença mínima significativa (LSD) de 3 réplicas. Linha pontilhada: % de inibição da idade

D) Extrato aquoso de Moringa

Em coentros frescos, verificou-se que a pulverização foliar de extrato aquoso de Moringa durante cinco dias diminuiu significativamente ($P \leq 0,05$) o comprimento de coentros em 11% em comparação com o comprimento que foi tomado no primeiro dia de coentros frescos quando comprados no mercado como mostrado na (Figura 4.13).

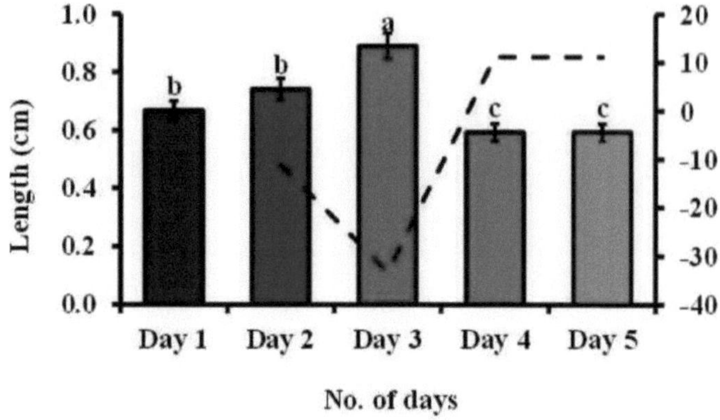

Figura 4.13. O efeito da pulverização foliar com extrato aquoso de Moringa no comprimento de coentros frescos. Alfabetos: a, b, c, d e e Diferença menos significativa (LSD) de 3 réplicas.

D) Extrato etanólico de Moringa

Observou-se que a pulverização foliar de extrato etanólico de Moringa em coentros frescos durante cinco dias reduziu significativamente (P $\leq$ 0,05) o comprimento de coentros em 25% em comparação com o comprimento que foi tomado no primeiro dia de coentros frescos quando comprados no mercado como mostrado na (Figura 4.14).

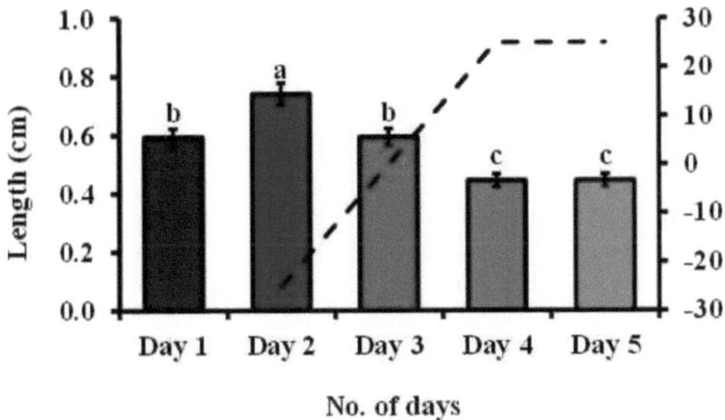

Figura 4.14. O efeito da pulverização foliar com extrato etanólico de Moringa no comprimento de coentros frescos. Alfabetos: a, b, c, d e e Diferença menos significativa (LSD) de 3 réplicas.

E) Extrato aquoso de jaman

Foi demonstrado que cinco dias de pulverização foliar de coentros frescos com extrato aquoso de Jaman, foi significativamente ($P \leq 0,05$) reduzido o comprimento dos coentros em 25 a 33% em comparação com o comprimento que foi tomado no primeiro dia de coentros frescos quando comprados no mercado, como se mostra na (Figura 4.15).

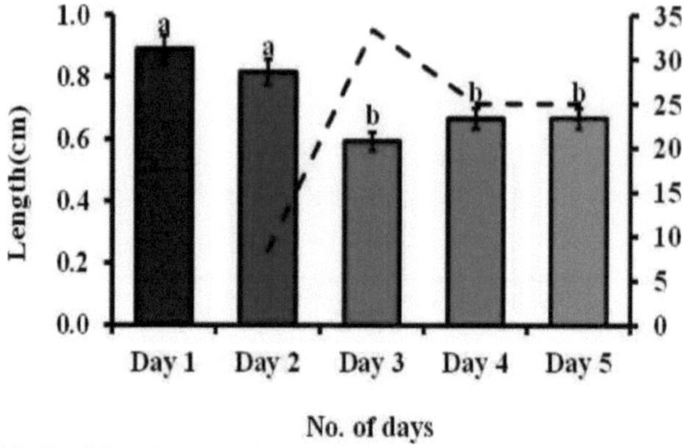

Figura 4.15. O efeito da pulverização foliar com extrato aquoso de Jaman no comprimento dos coentros frescos. Alfabetos: a, b, c, d e e Diferença mínima significativa (LSD) de 3 réplicas.

F) Extrato etanólico de jaman

Observou-se que a pulverização foliar do extrato etanólico de Jaman em coentros frescos durante cinco dias aumentou significativamente ($P \leq 0,05$) o comprimento dos coentros em 6 vezes em comparação com o comprimento que foi obtido no primeiro dia dos coentros frescos quando comprados no mercado, como se mostra na (Figura 4.16).

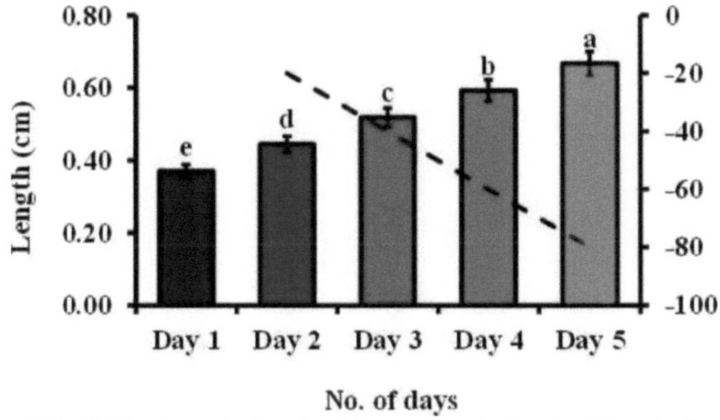

Figura 4.16. Efeito da pulverização foliar com extrato etanólico de Jaman no comprimento dos coentros frescos. Alfabetos: a, b, c, d e e Diferença mínima significativa (LSD) de 3 réplicas.

H) Extrato aquoso de Marwa

Nos coentros frescos, observou-se que a pulverização foliar do extrato aquoso de Marwa durante cinco dias aumentou significativamente ($P \leq 0,05$) o comprimento dos coentros em 5 vezes em comparação com o comprimento que foi obtido no primeiro dia dos coentros frescos quando comprados no mercado, como se mostra na (Figura 4.17).

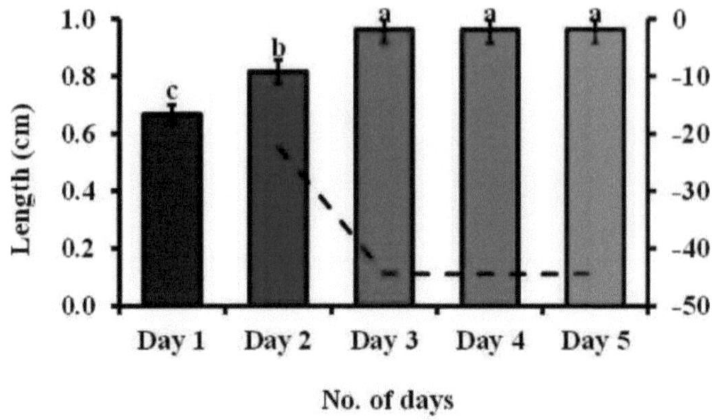

Figura 4.17. O efeito da pulverização foliar com extrato aquoso de Marwa no comprimento de coentros frescos. Alfabetos: a, b, c, d e e Diferença mínima significativa (LSD) de 3 réplicas.

G) Extrato etanólico de Marwa

Verificou-se que a pulverização foliar de extrato etanólico de Marwa em coentros frescos durante cinco dias diminuiu insignificantemente ($P \leq 0,05$) o comprimento dos coentros em 7% em comparação com o comprimento que foi obtido no primeiro dia dos coentros frescos quando comprados no mercado, como se mostra na (Figura 4.18).

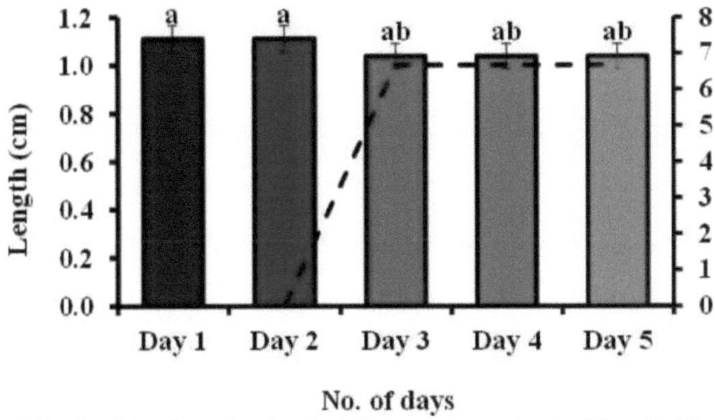

Figura 4.18. O efeito da pulverização foliar com extrato etanólico de Marwa no comprimento de coentros frescos. Alfabetos: a, b, c, d e e Diferença mínima significativa (LSD) de 3 réplicas.

4.2. Alterações morfológicas dos coentros

Verificou-se que, com a pulverização foliar de vários extractos diferentes, quando aplicados nos coentros frescos, estes exibiram alterações morfológicas tremendas, como a murchidão, a mudança de cor de verde claro para verde escuro e castanho escuro. Também se observou perda de turbidez (Figura 4.19).

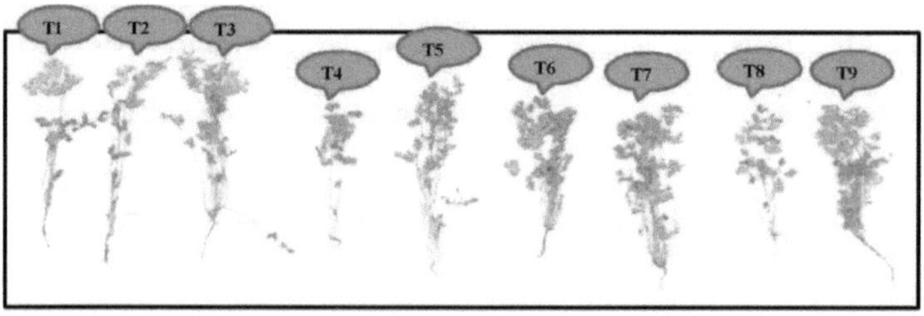

Figura 4.19. Alterações morfológicas nos coentros após 5th dias.

T1: Distilled water	T2: Tissue paper wrapping	T3: Shopping bag wrapping	T4: Moringa aqeous extract	T5: Moringa ethanolic extract	T6: Jaman aqeous extract	T7: Jaman ethanolic extract	T8: Marwa aqeous extract	T9: Marwa ethanolic extract

4.3. Análise sensorial

As observações efectuadas por cinco juízes do painel relataram resultados tremendos dos sabores dos coentros tratados com diferentes extractos aquosos e etanólicos (Quadro 4.1).

Tabela 4.1. Análise sensorial dos coentros utilizando a escala hedónica em diferentes extractos aquosos e etanólicos.

Treatments	Distilled water	Tissue paper wrapping	Shopping bag wrapping	Moringa aqueous extract	Moringa ethanolic extract	Jaman aqueous extract	Jaman ethanolic extract	Marwa aqueous extract	Marwa ethanolic extract
9= like extremely	-	-	-	-	-	-	-	-	+
8 = like very much	-	-	-	-	-	-	+	-	-
7= like moderately	-	-	-	-	-	-	-	-	-
6= like slightly	-	-	-	+	-	-	-	-	-
5= neither like nor dislike	-	-	-	-	-	-	-	-	-
4=dislike slightly	-	-	-	-	-	-	-	-	-
3=dislike moderately	-	-	+	-	-	+	-	-	-
2=dislike very much	+	+		-	-	-	-	+	-
1=dislike extremely	-	-	-	-	+	-	-	-	-

4.5. Análise comparativa por perda de peso

Os resultados revelaram que a perda de peso dos coentros após 5th dias foi mínima com o extrato etanólico de Marwa. Além disso, a tendência de perda de peso nos coentros foi: Extrato etanólico de Marwa < Extrato etanólico de Jaman < Extrato aquoso de Jaman < Extrato aquoso de Moringa < Embalagem de saco de compras < Extrato aquoso de Marwa < Água destilada < Embalagem de papel de seda < Extrato etanólico de Moringa (Figura 4.20).

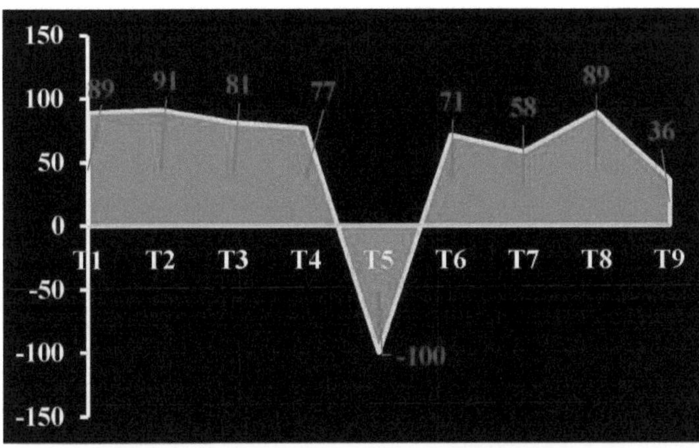

Figura 4.20. Análise comparativa por perda de peso

Capítulo 5 : DISCUSSÃO

A planta *Syzygium cumini,* vulgarmente designada por jamun, é abundante em substâncias bioactivas, como os flavonóides e os polifenóis, que possuem qualidades antibacterianas contra uma série de doenças. Estas propriedades poderiam potencialmente inibir o crescimento microbiano e atrasar a deterioração dos coentros frescos. Um estudo realizado por Sarkar et al. (2014) examinou a capacidade dos extractos *de S. cumini* para combater bactérias de origem alimentar com atividade antimicrobiana.

A capacidade antioxidante dos extractos de *S. cumini* pode contribuir para a conservação dos coentros frescos através da eliminação dos radicais livres e da redução do stress oxidativo, que pode levar à deterioração da qualidade. Um estudo de Sharma et al. (2012) examinou o teor de frutos e folhas de S. cumini, bem como a atividade antioxidante de cada parte. A investigação poderia explorar a aplicação de extractos *de S. cumini* através de diferentes técnicas de conservação, como a imersão, o revestimento ou a embalagem, para avaliar a sua eficácia no aumento do prazo de validade dos coentros frescos. A otimização dos métodos de extração e dos níveis de concentração poderia também aumentar a sua eficácia.

Embora sejam escassos os estudos específicos sobre a utilização de extractos *de S. cumini* na conservação de coentros, as propriedades antimicrobianas e antioxidantes desta planta sugerem a sua potencial utilidade na conservação de alimentos. Mais investigação, incluindo experiências adaptadas aos coentros, poderia fornecer informações valiosas sobre a viabilidade e a eficácia da utilização de extractos de *S. cumini* para este fim.

Os extractos de *Origanum majorana* (Marwa) foram estudados quanto à sua atividade antimicrobiana contra uma série de agentes patogénicos de origem alimentar. Estas propriedades antimicrobianas poderiam ajudar a reduzir o crescimento de microrganismos de deterioração nos coentros frescos, aumentando assim o seu prazo de validade. Uma investigação efectuada por Sartoratto et al. (2004) examinou a forma como o óleo essencial *de O. majorana* inibia uma variedade de bactérias e fungos.

Os extractos de manjerona contêm compostos fenólicos e outros antioxidantes que podem eliminar os radicais livres e inibir as reacções oxidativas, preservando assim a frescura e a qualidade dos coentros durante o armazenamento. A investigação indicou que os extractos de *O. majorana* têm propriedades antioxidantes. Por exemplo, a investigação de Baranauskiene et al. (2013) examinou as qualidades antioxidantes do óleo essencial de manjerona e a sua utilização na conservação de alimentos. A exploração de várias aplicações e métodos, como a imersão, a pulverização ou a incorporação de extractos de manjerona em materiais de embalagem, poderia fornecer informações sobre a forma mais eficaz de utilizar extractos *de O. majorana* para conservar coentros frescos. A otimização dos níveis de concentração e das técnicas de aplicação é crucial para maximizar a eficácia dos extractos de manjerona no prolongamento do prazo de validade, mantendo a qualidade.

Embora os estudos específicos sobre a utilização de extractos *de O. majorana* para a conservação de coentros possam ser limitados, as propriedades antimicrobianas e antioxidantes da manjerona sugerem o seu potencial como conservante natural de ervas frescas. Mais investigação adaptada à conservação dos coentros poderia fornecer dados valiosos sobre a viabilidade e a eficácia da utilização de extractos *de O. majorana* para este fim.

Foram estudadas as qualidades antibacterianas dos extractos de moringa oleifera contra uma variedade de microrganismos. Estes efeitos antimicrobianos poderiam potencialmente reduzir o crescimento de microrganismos de deterioração em coentros frescos, prolongando assim o seu prazo de validade. Por exemplo, um estudo de Fahey et al. (2019) examinou a eficácia antibacteriana do extrato de folhas de *Moringa oleífera* contra uma série de fungos e bactérias.

M . *oleífera* é rica em antioxidantes, tais como compostos fenólicos, flavonóides e vitaminas, que podem eliminar os radicais livres e inibir as reacções oxidativas. Estas propriedades antioxidantes poderiam ajudar a preservar a frescura e a qualidade dos coentros durante o armazenamento. Um estudo de Ghasemzadeh et al. (2010) examinou a capacidade antioxidante do extrato de folhas de *M. oleífera.*

N . A exploração de diferentes métodos de aplicação, como a imersão, a pulverização ou a incorporação de extractos *de M. oleífera* em materiais de embalagem, poderá fornecer informações sobre a forma mais eficaz de utilizar estes extractos na conservação de coentros frescos. A otimização dos níveis de concentração e das técnicas de aplicação é crucial para maximizar a eficácia *dos* extractos de M. *oleífera* no prolongamento do prazo de validade, mantendo a qualidade.

Embora os estudos específicos sobre a utilização de extractos de *M. oleífera* na conservação de coentros possam ser limitados, as propriedades antimicrobianas e antioxidantes da Moringa sugerem o seu potencial como conservante natural de ervas frescas. Mais investigação adaptada à conservação dos coentros poderia fornecer dados valiosos sobre a viabilidade e eficácia da utilização de extractos de *M. oleífera* para este fim.

Conclusão

O impacto de vários extractos de plantas na qualidade e no prazo de validade dos coentros apresenta oportunidades promissoras para prolongar a sua duração de armazenamento, mantendo a sua frescura e valor nutricional. Através da exploração de compostos naturais presentes nas plantas, tais como óleos essenciais, polifenóis e flavonóides, os investigadores identificaram várias estratégias para inibir o crescimento microbiano e a deterioração oxidativa dos coentros.

Estudos demonstraram a eficácia de extractos de plantas como o óleo essencial de orégãos, o extrato de chá verde, a quitosana e os extractos de manjerona na conservação dos coentros, inibindo a proliferação microbiana e eliminando os radicais livres. Estes extractos oferecem propriedades antimicrobianas e antioxidantes que podem retardar a deterioração e manter os atributos sensoriais dos coentros durante o armazenamento.

Além disso, a otimização dos métodos de extração, dos níveis de concentração e das técnicas de aplicação é crucial para maximizar a eficácia dos extractos de plantas no prolongamento do prazo de validade dos coentros. A investigação futura poderá centrar-se na exploração dos efeitos sinérgicos da combinação de vários extractos de plantas, bem como no desenvolvimento de técnicas de conservação inovadoras, tais como revestimentos comestíveis ou embalagens activas.

Em conclusão, a utilização de extractos de plantas representa uma abordagem para melhorar o prazo de validade e a qualidade dos coentros frescos, oferecendo alternativas sustentáveis e naturais aos conservantes sintéticos. A investigação contínua nesta área tem o potencial de desvendar novas estratégias para conservar ervas frescas e melhorar a segurança alimentar.

REFERÊNCIAS

Anitha, M., & Hore, J. K. (2018). Tecnologia de produção de algumas culturas de especiarias principais e secundárias. *Especiarias indianas: O legado, a produção e o processamento da exportação preciosa da Índia,* 9(2), 95-175.

Alibas, I., Yilmaz, A., Asik, B. B., & Erdogan, H. (2021). Influência dos métodos de secagem nos nutrientes, teor de proteínas e perfil vitamínico das folhas de manjericão. *Jornal de Composição e Análise de Alimentos, 96,* 103758.

Ayyanar, M., & Subash-Babu, P. (2022). Syzygium cumini (L.) Skeels: A review of its phytochemical constituents and traditional uses. *Jornal do Pacífico Asiático de biomedicina tropical, 2*(3), 240-246.

Abd El-Razek, E., Abd El-Motty, E. Z., Orabi, S. A., & Abou-Elfotouh, A. (2019). Melhorar a qualidade dos frutos da manga cv. Zebda por revestimento com extratos de folhas de Moringa e chá verde sob armazenamento a frio. *Médio Oriente J. Agric. Res, 5*(4), 1325-1343.

Ashfaq, M., Basra, S. M., & Ashfaq, U. (2019). Moringa: uma planta milagrosa para a agrofloresta. *J. Agric. Soc. Sci, 5*(3), 115-122.

Arif, M. A., Inam-ur-Raheem, M., Khalid, W., Lima, C. M. G., Jha, R. P., Khalid, M. Z., ... & Emran, T. B. (2022). Efeito das Folhas de Moringa Rica em Antioxidantes na Qualidade e Propriedades Funcionais do Suco de Morango. *Medicina Complementar e Alternativa Baseada em Evidências, 2022.*

Asanaliar, M., & Nadig, P. (2020). Syzygium cumini (jamun) potencial terapêutico: uma revisão abrangente sobre os constituintes fitoquímicos e ênfase nas suas acções farmacológicas relacionadas com a intervenção diabética. *Int J Basic Clin Pharmacol, 9*(2), 363-370.

Arnon-Rips, H., & Poverenov, E. (2018). Melhorando a qualidade e a capacidade de armazenamento dos produtos alimentícios usando revestimentos comestíveis Camada por Camada. *Tendências em Ciência e Tecnologia de Alimentos, 75,* 81-92.

Brian, K. (2018). *Especiarias e ervas aromáticas: Um guia essencial para apimentar a sua saúde e dar sabor à sua dieta.* EWJ Publishing via PublishDrive.

Baranauskiene, R., et al. (2013). *Composição química e atividade antimicrobiana do óleo essencial de Origanum majorana L. obtido por extração por micro-ondas sem solventes: comparação com a hidrodestilação.* Food Control, 31(1), 274279.

Bell, L., & Wagstaff, C. (2017). Melhoria dos perfis de glucosinolato e isotiocianato em culturas de brassicaceae: Enfrentando desafios na criação de caraterísticas relacionadas ao cultivo, armazenamento e consumo. *Jornal de química agrícola e alimentar, 65*(43), 9379-9403.

Bouarab Chibane, L., Degraeve, P., Ferhout, H., Bouajila, J., & Oulahal, N. (2019). Polifenóis antimicrobianos de plantas como potenciais conservantes naturais de alimentos. *Jornal da Ciência da Alimentação e Agricultura, 99*(4), 1457-1474.

El-Ahmady, S., Ibrahim, N., Farag, N., & Gabr, S. (2021). Plantas Apiaceae que crescem no Oriente: Séculos de tradições e cultura de cura. Em *Etnofarmacologia de Plantas Silvestres,19(11),* 246-300

Ennaji, H., Chahid, D., Aitssi, S., Badou, A., Khlil, N., & Ibenmoussa, S. (2020). Triagem de fitoquímicos, citotoxicidade e atividade antioxidante do Origanum majorana crescendo em Casablanca, Marrocos. *Jornal Aberto de Ciências Biológicas, 5*(1), 053-059.

Ebabhi, A., & Adebayo, R. (2022). Valores nutricionais dos vegetais. Em *Vegetable Crops-Health Benefits and Cultivation.* IntechOpen Londres.

Fang, X., Chen, H., Gao, H., Yang, H., Li, Y., Mao, P., & Jin, T. Z. (2016). Efeito da embalagem em atmosfera modificada no crescimento microbiano, qualidade e defesa enzimática de coentros frescos lavados com desinfetante. *Jornal Internacional de Ciência e Tecnologia Alimentar, 51*(12), 2654-2662.

Fahey, J. W., et al. (2019). *Atividades antimicrobianas do extrato de folhas de Moringa oleifera.* Biologia Farmacêutica, 57(1), 253-257.

Ghasemzadeh, A., et al. (2010). *Atividade antioxidante e conteúdo fenólico total das folhas de Moringa oleifera em duas fases de maturidade.* Alimentos vegetais para nutrição humana, 65(4), 420-426.

Generalic Mekinic, I., Skroza, D., Ljubenkov, I., Katalinic, V., & Simat, V. (2019). Potencial antioxidante e antimicrobiano de metabólitos fenólicos de ervas e especiarias mediterrâneas tradicionalmente usadas. *Foods, 5*(11), 579.

Gao, H., Fang, X., Li, Y., Chen, H., Zhao, Q. F., & Jin, T. Z. (2017). Efeito de alternativas à lavagem com cloro para higienizar coentros frescos. *Journal of food science and technology, 54*(5), 260-266.

Hernández-Pérez, T., Gómez-García, M. D. R., Valverde, M. E., & Paredes-Lopez, O. (2020). *Coriandrum sativum:* Uma antiga cultura latino-americana com excelentes compostos bioativos e potencial nutracêutico. Uma revisão. *Revisões abrangentes em ciência alimentar e segurança alimentar, 19(6),* 2972-2993.

Hihat, S., Remini, H., & Madani, K. (2017). Efeito da secagem em forno e micro-ondas nos compostos fenólicos e na capacidade antioxidante das folhas de coentro. *Jornal Internacional de Investigação Alimentar, 24(2)* 445-521.

Imathiu, S. (2021). Culturas cultivadas negligenciadas e subutilizadas no que diz respeito aos vegetais de folha africanos indígenas para a segurança alimentar e nutricional. *Jornal de Segurança Alimentar, 9*(3), 115-125.

Ivanisová, E., Kacániová, M., Savitskaya, T. A., & Grinshpan, D. D. (2021). Ervas medicinais: Importante fonte de compostos bioativos para a indústria alimentar. *Ervas e especiarias - novas tecnologias de processamento.*

Kumar, R. S., Balasubramanian, P., Govindaraj, P., & Krishnaveni, T. (2014). Estudos preliminares sobre fitoquímicos e atividade antimicrobiana de extractos de solventes de raízes de Coriandrum sativum L. (Coentros). *Journal of Pharmacognosy and Phytochemistry, 2*(6), 74-78.

Kumar, D., Kumar, S., & Shekhar, C. (2020). Componentes nutricionais em vegetais de folhas verdes: A review. *Journal of Pharmacognosy and Phytochemistry, 9*(5), 2498-2502.

Khorram, F., Ramezanian, A., & Hosseini, S. M. H. (2017). Efeito de diferentes revestimentos comestíveis na qualidade pós-colheita da tangerina 'Kinnow'. *Journal of Food Measurement and Characterization, 11,* 1827-1833.

Kaur, R., Alam, M. S., Prasad, C., & Kumar, M. (2019). EFEITO DOS PRÉ-TREINAMENTOS DE ARMAZENAMENTO NA VIDA DE PRATELEIRA DO CORIANDRO FRESCO (Coriandrum sativum L.). *Agronomia,* 9(2), 114-213.

Khan, M. K., Imran, M., Ahmad, M. H., Ahmad, R. S., & Sattar, S. (2023). Aplicações alimentares de folhas de coentro (Coriandrum sativum). Em *Handbook of Coriander (Coriandrum sativum), 2(9),* 339-348.

Laribi, B., Kouki, K., M'Hamdi, M., & Bettaieb, T. (2015). Coentro (Coriandrum sativum

L.) e seus constituintes bioativos. *Fitoterapia, 103,* 9-26.

Misir, J., Brishti, F. H., & Hoque, M. (2014). Gel de Aloe vera como um novo revestimento comestível para frutas frescas: Uma revisão. *American Journal of Food Science and Technology, 2*(3), 93-97.

Mandal, S., & Mandal, M. (2015). Óleo essencial de coentro (Coriandrum sativum L.): Química e atividade biológica. *Jornal do Pacífico Asiático de Biomedicina Tropical, 5*(6), 421-428.

Mohanty, M., Mohanty, S., Bhuyan, S. K., & Bhuyan, R. (2021). Fitoperspectiva da Moringa oleifera para cuidados com a saúde bucal: Uma abordagem etnomedicinal inovadora. *Pesquisa em Fitoterapia, 35*(3), 1345-1357.

Mahajan, B. V. C., Dhillon, W. S., Kumar, M., & Singh, B. (2015). Efeito de diferentes películas de embalagem no prazo de validade e na qualidade do pêssego em condições de mercado super e normal. *Journal of Food Science and Technology, 52*, 37563762.

Nguyen, D. T., Lu, N., Kagawa, N., Kitayama, M., & Takagaki, M. (2020). O tratamento de curto prazo da temperatura da zona radicular aumentou o acúmulo de metabólitos secundários de coentro hidropônico (Coriandrum sativum L.) cultivado em uma fábrica de plantas. *Agronomia*, *10*(3), 4-13.

Palou, L., Valencia-Chamorro, S. A., & Pérez-Gago, M. B. (2015). Revestimentos comestíveis antifúngicos para *Coriandrum sativum* fresco*:* A review. *Coatings, 5*(4), 962-986.

Parveen, S., & Khan, A. A. (2019). Atividade antioxidante do extrato alcoólico de sementes de Eugenia jambolana Lam. *Pharma Science Monitor, 10*(4).

Quarshi, H. Q., Ahmed, W., Azmant, R., Chendouh-Brahmi, N., Quyyum, A., & Abbas, A. (2023). Problemas pós-colheita de *Coriandrum sativum* e suas soluções. Em *Estudos Recentes sobre Morangos.* IntechOpen.

Ranjitha, K., Shivashankara, K. S., Rao, D. S., Oberoi, H. S., Roy, T. K., & Bharathamma, H. (2017). Melhoria na vida útil das folhas de coentro minimamente processadas através da integração de pré-tratamento de cinetina e intervenções de embalagem: Estudos sobre a dinâmica da população microbiana, caraterísticas bioquímicas e retenção de sabor. *Química alimentar, 221,* 844-854.

Rokaya, P. R., Baral, D. R., Gautam, D. M., Shrestha, A. K., & Paudyal, K. P. (2016). Efeito dos tratamentos pós-colheita na qualidade e prazo de validade da tangerina *(Coriandrum sativum). American Journal of Plant Sciences, 7*(07), 1098.

Reshmy, R., Philip, E., Paul, S. A., Madhavan, A., Sindhu, R., Binod, P., ... & Sirohi, R. (2020). Produtos à base de nanocelulose para aplicações sustentáveis - tendências e possibilidades recentes. *Revisões em Ciência Ambiental e Bio/Tecnologia, 19,* 779-806.

Riaz, S., Sultan, M. T., Sibt-e-Abass, M., Imran, M., Ahmad, R. S., Hussain, M. B., Shariati, M. A., Kosenko, I. S., Kleymenova, N. L., & Egorova, G. N. (2021). Extração de polissacarídeos do cato opuntia para sua potencial aplicação em revestimento comestível para melhorar a vida útil de *Coriandrum sativum. Jornal de Microbiologia, Biotecnologia e Ciências Alimentares, 2021,* 745-750.

Suhag, R., Kumar, N., Petkoska, A. T., & Upadhyay, A. (2020). Formação de filme e métodos de deposição de revestimento comestível em produtos alimentícios: A review. *Food Research International, 136,* 109582.

Spence, C. (2023). Coentros (cilantro): A most divisive herb. *Jornal Internacional de Gastronomia e Ciência Alimentar,* 100779.

Shafi, F., Jan, N., Qadri, T., Naseer, B., Beigh, M., Zargar, I., & Bhat, T. (2020). Efeito dos métodos de secagem nos constituintes químicos e na farinha de folhas de coentro (Corianderum sativum). *Jornal Internacional de Estudos Químicos, 7*(6), 1790-1796.

Sadiq, H., Sher, F., Sehar, S., Lima, E. C., Zhang, S., Iqbal, H. M., ... & Nuhanovic, M. (2021). Síntese verde de nanopartículas de ZnO a partir do extrato de folhas de Syzygium Cumini com aplicações robustas de fotocatálise. *Jornal de Líquidos Moleculares, 335,* 116567.

Saad, M. A., & Elkhtab, E. S. (2019). Atividade antimicrobiana do extrato de folhas de Moringa oleifera e seu efeito no prazo de validade e na qualidade do iogurte. *Egito. J. Dairy Sci, 47,* 91-99.

Shehata, S. A., Abdeldaym, E. A., Ali, M. R., Mohamed, R. M., Bob, R. I., & Abdelgawad, K. F. (2020). Efeito de alguns óleos essenciais de citrinos no prazo de validade pós-colheita e na qualidade físico-química dos morangos durante o armazenamento a frio. *Agronomia, 10*(10), 1466.

Sharma, M., Dash, K. K., Badwaik, L. S., & Bhagya Raj, G. V. S. (2023). Caracterização e estabilidade de armazenamento de extrato de polpa de jamun preto microencapsulado (Syzygium cumini) por liofilização. *Jornal de Engenharia de Processos Alimentares*, *46*(12), e14447.

Shelke, G., Kad, V., Pandiselvam, R., Yenge, G., Kakade, S., Desai, S., ... & Singh, P. (2023). Estabilidade física e funcional do sumo em pó de jamun (Syzygium cumini L.) seco por pulverização produzido com diferentes agentes de transporte. *Jornal de Estudos de Textura.*

Sultanbawa, Y. (2014). Extractos de plantas como antimicrobianos naturais na *conservação* de alimentos.*Microbial Segurança Alimentar e Técnicas de Preservação,* 373-382.

Suhag, R., Kumar, N., Petkoska, A. T., & Upadhyay, A. (2020). Formação de filme e métodos de deposição de revestimento comestível em produtos alimentícios: A review. *Food Research International, 136,* 109582.

Sharma, M., Dash, K. K., Badwaik, L. S., & Bhagya Raj, G. V. S. (2023). Caracterização e estabilidade de armazenamento de extrato de polpa de jamun preto microencapsulado (Syzygium cumini) por liofilização. *Jornal de Engenharia de Processos Alimentares, 46*(12), e14447.

Sharma, S., Shree, B., Sharma, D., Kumar, S., Kumar, V., Sharma, R., & Saini, R. (2022). Microgreens de vegetais: O brilho dos superalimentos da próxima geração, seu aprimoramento genético, benefícios para a saúde e abordagens de processamento. *Food Research International, 155,* 111038.

Sarkar, S., et al. (2014). *Atividade antimicrobiana de Syzygium cumini contra patógenos alimentares.* Jornal Internacional de Investigação Alimentar, 21(2), 673-677.

Sharma, B., et al. (2012). *Avaliação do potencial antioxidante de Syzygium cumini e Shorea robusta.* Jornal de Produtos Naturais e Recursos Vegetais, 2(1), 100-105.

Singh, N., Marwa, N., Mishra, J., Verma, P. C., Rathaur, S., & Singh, N. (2016). Alívio mediado por Brevundimonas diminuta da toxicidade do arsénio e promoção do crescimento das plantas em Oryza sativa L. *Ecotoxicologia e segurança ambiental, 125,* 25-34.

Sartoratto, A., et al. (2004). *Atividade antibacteriana de óleos essenciais de plantas de Lamiaceae contra patógenos alimentares selecionados.* Revista Brasileira de Microbiologia, 35(4), 275-280.

Teshome, E., Forsido, S. F., Rupasinghe, H. P., & Olika Keyata, E. (2022). Potenciais dos conservantes naturais para aumentar a segurança alimentar e o prazo de validade: A review. *The Scientific World Journal, 2022,*

Tambe, B. D., Pedhekar, P., & Harshali, P. (2021). Triagem fitoquímica e atividade antibacteriana de extratos de folhas de Syzygium cumini (L.) (Myrtaceae). *Jornal Asiático de Investigação e Desenvolvimento Farmacêutico, P*(5), 5054.

Thirugnanasam bandham, K., & Sivakumar, V. (2016). Aumento do prazo de validade das folhas de Coriandrum sativum usando o processo de secagem a vácuo: Modelagem e otimização. *Jornal da Sociedade Saudita de Ciências Agrícolas, 15*(2), 195201.

Vergara-Jimenez, M., Almatrafi, M. M., & Fernandez, M. L. (2017). Os componentes bioativos das folhas de Moringa oleifera protegem contra doenças crônicas. *Antioxidantes, 6*(4), 91.

Waghmare, R. B., & Annapure, U. S. (2015). Efeito integrado do hipoclorito de sódio

e a embalagem em atmosfera modificada na qualidade e no prazo de validade de produtos frescos cortados

Coriandrum sativum. Food Packaging and ShelfLife, 3, 62-69.

Wei, J. N., Liu, Z. H., Zhao, Y. P., Zhao, L. L., Xue, T. K., & Lan, Q. K. (2019). Perfil fitoquímico e bioativo de Coriandrum sativum L. *Química alimentar, 286,* 260-267.

Wassie, S. B. (2020). Tendências de degradação dos recursos naturais na Etiópia: uma revisão. *Investigação sobre sistemas ambientais, 9*(1), 1-29.

Xu, D., Shi, M., Jia, B., Yan, Z., Gao, L., Guan, W., ... & Zuo, J. (2019). Efeito do ozono na atividade das enzimas antioxidantes e degradantes da clorofila durante o armazenamento pós-colheita de coentros (Coriandrum sativum L.). *Journal of Food Processing and Preservation, 43(8),* 40-20.

Yao, J., Yang, M., & Duan, Y. (2014). Química, biologia e medicina de nanomateriais fluorescentes e sistemas relacionados: novos insights sobre biossensoriamento, bioimagem, genômica, diagnóstico e terapia. *Chemical reviews, 114*(12), 6130-6178.

Yu, M., Gouvinhas, I., Rocha, J., & Barros, A. I. (2021). Análise fitoquímica e antioxidante de plantas medicinais e alimentares para recursos alimentares e farmacêuticos bioactivos. *Relatórios científicos, 11*(1), 10041.

MIX
Papier aus verantwortungsvollen Quellen
Paper from responsible sources
FSC® C105338

Printed by Books on Demand GmbH, Norderstedt / Germany